百歲醫師育兒法實作體驗

10位達人分享為什麼丹瑪醫師的方法適合每一個孩子！

如何編輯部 著

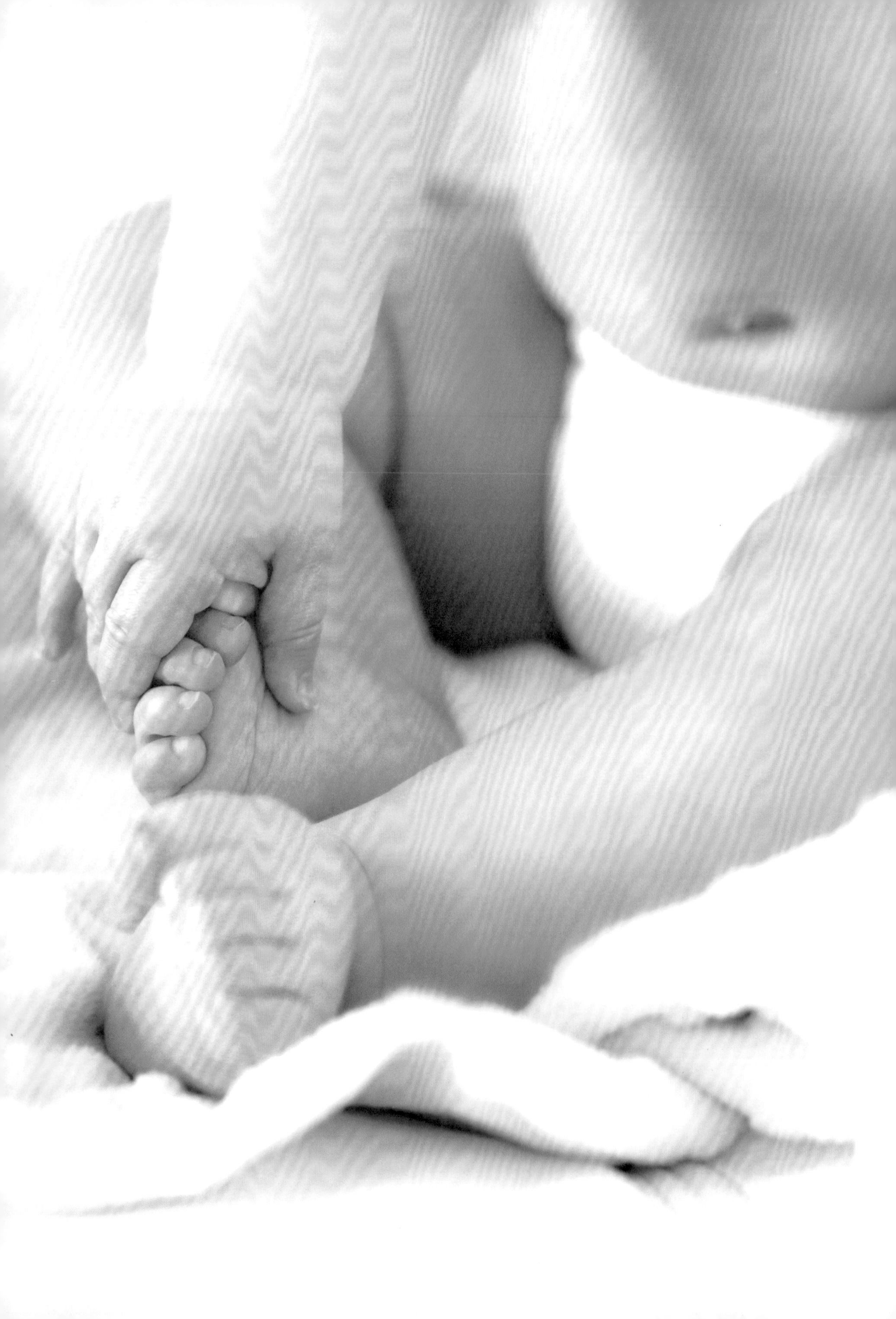

005　前言

第一章・認識丹瑪醫師

008　**百歲醫師育兒法最源頭・帶你認識丹瑪醫生**
一個育兒界的傳奇，她是丹瑪醫生
014　**暢銷百歲醫師育兒法作家分享 1：**
百歲醫師育兒法帶我認識孩子，找到一個我、孩子和生活的平衡點
024　**暢銷百歲醫師育兒法作家分享 2：**
從書呆子變全能媽

第二章・經驗分享篇

百歲育兒爸媽經驗分享

034　**分享 1：**不快樂的媽媽，能養出健康的孩子嗎？所以，我要變快樂！
042　**分享 2：**我的雙胞胎能執行百歲醫師育兒法，你也一定可以！
054　**分享 3：**「狠心讓寶寶哭」絕對是誤解！
064　**分享 4：**百歲醫師育兒法，讓我們在黑暗中找到出路
074　**分享 5：**讓我敢生第二胎的百歲醫師育兒法！
082　**分享 6：**當三胞胎都能睡飽醒來時，那三朵微笑是世界上最棒的禮物！
092　**分享 7：**早產兒寶寶也能照顧得好！
102　**分享 8：**讓我脫離產後憂鬱的百歲醫師育兒法
110　**分享 9：**丹瑪醫師的方法讓生病的女兒更有安全感
120　**分享 10：**做自己孩子真正的幫手，就是認識百歲醫師育兒法

134　特別企畫：外出睡眠撇步分享
139　附錄　育兒相關補助

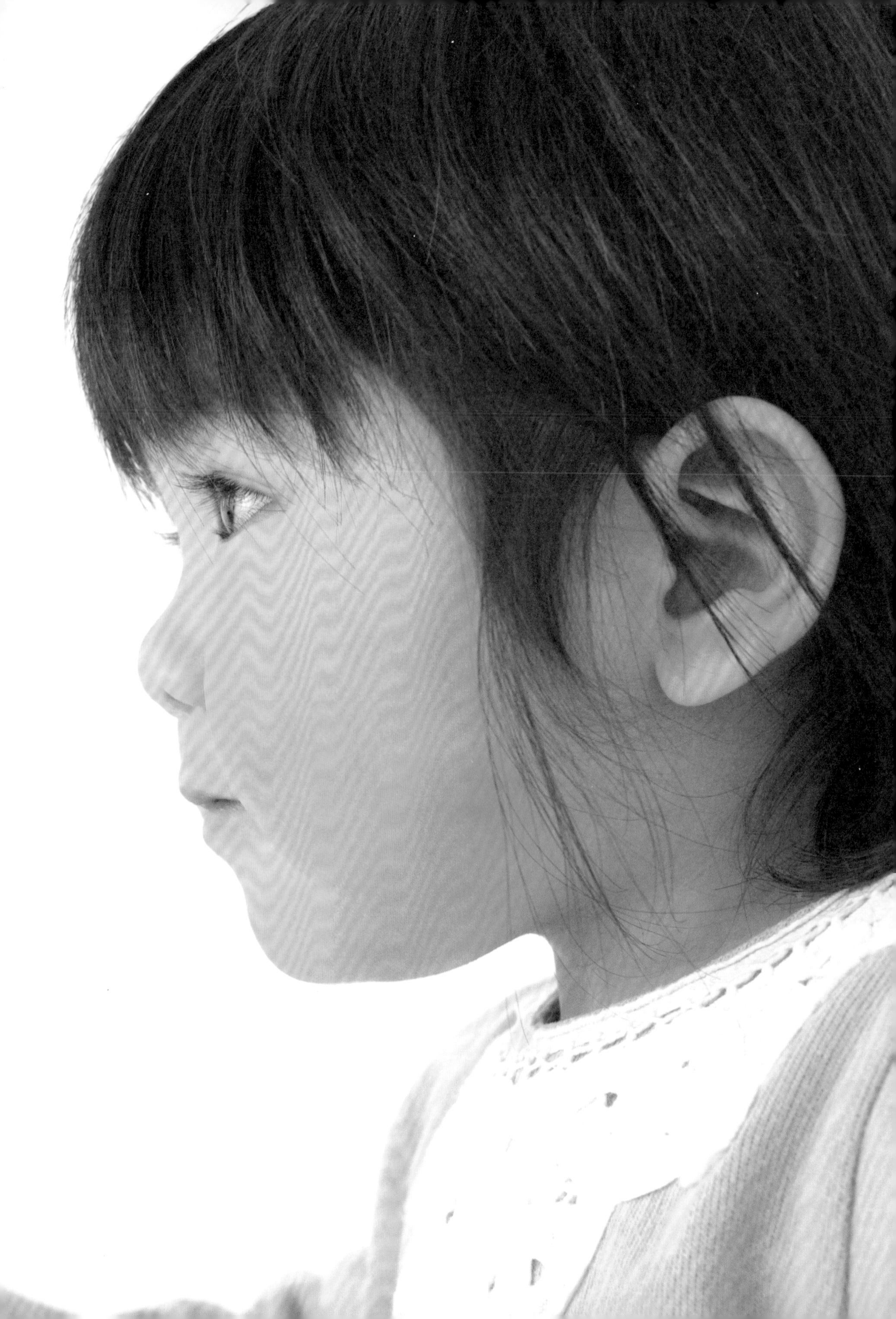

前言

《百歲醫師教我的育兒寶典》一書出版七年來，累計銷售已近20萬本，可說是台灣最暢銷且長銷的育兒書。後續接連出版的《這樣做，寶寶超好帶》及《喂，請問百歲醫師在家嗎？》也都頗受好評，全系列三本合計銷售近三十萬本。是台灣媽媽心中最信賴的育兒系列。

為因應廣大讀者的需求，回應這七年來對於百歲醫師育兒法討論與心得分享，如何出版社推出《百歲醫師育兒法實作體驗》，收錄十位實踐百歲醫師育兒法的家長分享！

本書想推薦給三種人：想要進入百歲育兒法卻還猶豫不決的人、實行過一次百歲育兒法就放棄的人、心裡覺得百歲醫師育兒法不錯，卻被婆婆媽媽老公妯娌勸阻的人。我們會一次解決你百歲育兒法關於理念、執行、細則甚至是婆媳的問題，你可以在這裡找到認同和親子關係自由愉悅的新世界！請來看看，並邀你親身體驗百歲醫師育兒法的強大！

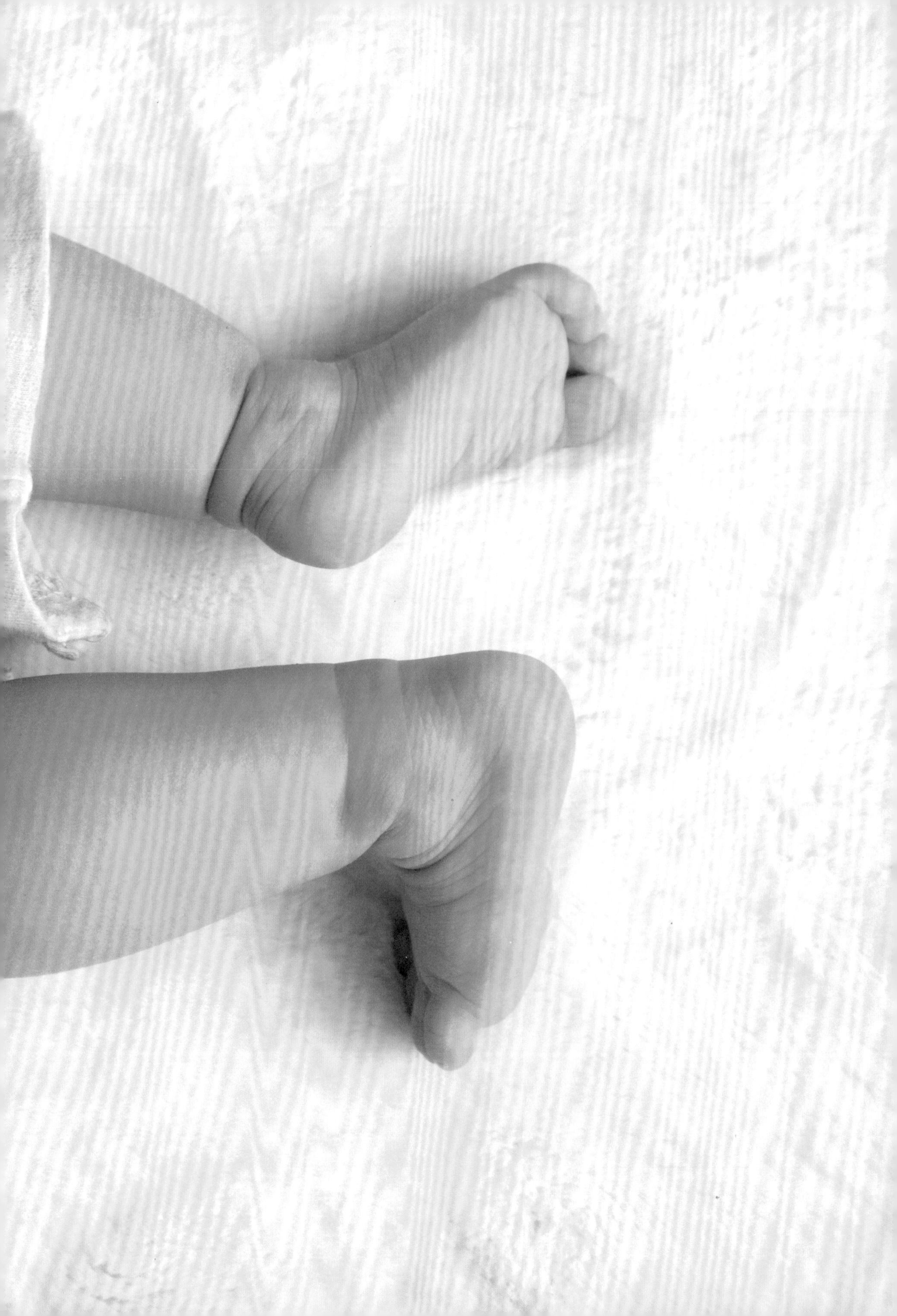

第一章

認識丹瑪醫師

百歲醫師育兒法最源頭・帶你認識丹瑪醫生

一個育兒界的傳奇，她是丹瑪醫生

你聽過「百歲醫師」嗎？

她是一個歷經近代小兒醫學重要發展的醫生，執業超過七十年，診治過的病人遠超過千人，親身見證現代小兒醫學的發展，許多她的觀念與當時的小兒科醫師大相徑庭，現在許多人都認為她的建議才是正確的，她終身只寫過一本書，這本書在美國大受歡迎，還被翻譯成許多種不同的語言，被許多國家的父母奉為圭臬，作為教養孩子的依據，她真的可以稱得上是「育兒界的傳奇」。

不過任何一個傳奇，都是從平凡開始。

丹瑪醫生她叫作萊拉・愛麗絲・道奇，一八九八年二月一日出生於現在的波特爾・喬治亞州。她的個子嬌小，卻有著一對靈活的大眼睛，她由第一區農業機械學校畢業（也就是現在喬治亞南方大學），之後她前往在喬治亞州福賽斯的一所小型浸信會女子大學就讀，並於一九九二

年畢業。這所學校的教學方式激發了她對科學的興趣，在大學就讀高年級時，她甚至開始擔任生物學的助教。

當時還是排擠女性習醫的年代……

在喬治亞州阿克沃斯和克拉克斯頓擔任兩年科學老師的經驗，說服了萊拉，當一位老師不是她真正想做的事。從她還是一個小女孩開始，她就一直想要幫助受疾病所苦的生物，比如在農場裡的那些可憐動物。雖然在當時，女性習醫是一個罕見的選擇，她仍將進入醫學院接受專業教育視為自己的目標。她申請了埃默里大學，卻因身為女性而未被錄取。

但是萊拉可沒有那麼容易放棄，在一九二四年，終於成功說服位在喬治亞州的奧古斯塔．喬治亞大學醫學院的招生人員，讓她成為當年醫學院的新生。在那年總計約五十名的新生當中，她是唯一的女性。

在一九二八年時，萊拉是歷年來第三位從喬治亞大學醫學院畢業的女性，畢業後她嫁給了同樣出身於波特爾的約翰．尤斯塔斯．丹瑪，並且搬到亞特蘭大居住，在那裡她首先開始在格雷迪醫院展開志願服務。那年夏天結束之前，亨利埃塔兒童醫院（亞特蘭大兒童醫療中心的前身）開業，丹瑪醫生成為那裡的第一位實習醫生。之後她也開始在費城兒童醫院（美國歷史最悠久、最大型的兒童醫院，也是各種媒體之間評價很高的兒童醫院）擔任實習醫生。一九三〇年，她的女兒——瑪麗誕生了。丹瑪醫師為人醫、人妻、人母的精采一生正式展開。

拯救千萬幼兒的百日咳疫苗，竟也有丹瑪醫生的身影

三〇年代初期，丹瑪醫師在自己的家裡開立了她私人的小兒科診所，在當醫生的數十年間，她不僅為超過數千人看診，同時也在中央長老會嬰兒診所擔任志願醫師超過五十年，這個診所幫助

了許多亞特蘭大市中心的貧困家庭，有的是父母失業、單親、隔代撫育，他們都曾受過丹瑪醫生的幫忙，不管是怎麼樣的家庭組成，都接受且實作過百歲醫生的育兒法。

也因為在這間診所工作的緣故，她得以深入參與百日咳預防接種的開發計劃。這種疫苗在過去的七十五年間，拯救了成千上萬幼兒的生命。

在她執業期間，丹瑪醫師始終專注於找出導致疾病的原因，而不只是找到治療疾病的方法。她仔細教導父母們關於營養、疾病預防、免疫的問題，以及她認為最重要的：良好的育兒方式和規律，甚至不惜花費好幾個小時的時間，和她的病人聊聊她的想法。

她從來不要求病人事先預約，所以她小小的診所裡常常擠滿了上門求診的病人與家屬。當她覺得有父母沒能正確的做好為人父母該做的工作時，她總是不厭其煩的再三叮嚀與交代，希望能讓每個孩子都得到最好的照顧。在一九七〇年代初期，她自費出版了一本書《每個孩子都值得一個機會》，裡面滿滿都是她關於照顧和養育孩子的各種想法。

雖然行醫是她生活中的主要焦點，丹瑪醫師同時也熱愛閱讀、打高爾夫球、旅遊、園藝、縫紉。她的丈夫於一九九〇年去世後，丹瑪醫師仍繼續執業，直到二〇〇一年才退休。

當丹瑪醫師最後一次離開她的辦公室時，她已經在小兒科執業超過七十個年頭了。在她一〇三歲那年，她已經是美國最資深的小兒科醫師，一個活的傳奇，親身經歷過小兒醫學上無數次重大發展。

醫生強調，規律，規律，規律

時間可以改變很多事情，但丹瑪醫師在許多方面並沒有被時間所改變。她的生活和她的作法都只有一個目的：讓每個孩子都能得到一個機會，並且推廣到成千上萬兒童身上。

多年來，丹瑪醫師獲得了許多

獎項與多項榮譽學位。其中最負盛名的是在一九三〇年代中期所獲得的「費雪醫療獎章」。她參與一項醫療研究計劃中，針對奪走許多嬰兒生命的百日咳研發出有效的疫苗。她也因此在一九五三年奪下「亞特蘭大年度女性」的大獎，並在之後的四十年之中獲得了無數的讚譽。

丹瑪醫師從一九五〇年代末期開始寫下她在照顧和養育孩子上的想法，而這一切

Every Child
Should Have a Chance
Every Child
Should Have a Chance

都彙集成了一本書，首次出版於一九七一年，並在一九八〇年代初更新內容，《每個孩子都值得一個機會》歷年來已經售出了成千上萬本書，對許多父母與小孩的生活造成重大的影響。

丹瑪醫師認為，她能夠得到最好的回報，是看到曾經被忽視或營養不良的孩子，逐漸成長成健康的男孩和女孩，綻開笑顏。她認為，唯有父母真正了解他們的作為，會對孩子造成多大的影響的時候，孩子才能真正得到良好的照顧。

丹瑪醫生的名言集錦

☺長壽的秘訣，是吃正確的食物與做你熱愛的事情。

☺你得從蘋果樹上才能摘到蘋果（種瓜得瓜、種豆得豆）。

☺小寶寶比停在車庫裡的豪華賓士汽車更重要。

☺做不喜歡的事情叫工作、做喜歡的事情叫遊戲。在我的生活中，從來沒有工作過一天。

☺你看那些在樹上的小松鼠們，牠從未讀過任何一本育兒書籍或帶她的小孩去看醫生，但她知道做什麼對她的寶寶最好。

☺需要很多愚蠢的人，才能讓富人成為富人。

☺作一個好家長，是地球上最重要的工作。

☺你絕對不會看到任何一隻小貓、小狗或小牛的媽媽，整天都在餵她的寶寶吃東西，或是給寶寶吃有害健康的食物。

☺對一個孩子最重要的事，是擁有稱職的父母。

☺斷奶後就不要再給寶寶喝牛奶！也不要給寶寶果汁、茶或可樂。只讓寶寶喝白開水。在牧場的牛斷奶後從沒喝過一滴牛奶，你看牛長得多麼強壯和健康。

☺蘋果不會掉在離蘋果樹太遠的地方（事出必有因）。

☺與其在山腳下抬頭看，不如直接爬山一次。

☺持續做你做得最好的事情，並且享受過程裡的每一分鐘。如果我能重新再活一次，我仍會做同樣的事情，嫁給同一個男人。

丹瑪醫生的終身成就

多年來，丹瑪醫師已獲得許多榮譽和獎項。

- 一九三五年，獲得「費雪醫療獎章」，表揚其在關於百日咳研究、診斷、醫療與免疫接種上的貢獻。
- 一九五三年，榮登「亞特蘭大年度女性」。
- 一九七二年，獲得堤福特學院「榮譽醫師與人文醫師學位」。
- 一九七八年，獲頒喬治亞南方學院傑出校友獎。
- 一九八〇年，獲頒喬治亞州亞特蘭大電視台 WXIA「社區服務獎」。
- 一九九八年，亞特蘭大商業公會「終身成就獎」。
- 二〇〇〇年，獲頒韋斯利·伍茲「英雄、聖徒和傳奇獎」。
- 二〇〇〇年，埃默里大學的榮譽博士學位（在這所學校的歷史上，只有三個人得到這項殊榮：漢克 · 阿倫、達賴喇嘛以及丹瑪醫師）。

暢銷百歲醫師育兒法作家分享 1

百歲醫師育兒法帶我認識孩子，找到一個我、孩子和生活的平衡點

文／圖・黃正瑾

感謝丹瑪醫師還有林奐均小姐！因為有她們兩位充滿智慧的育兒知識與分享，現在的我是位快樂又輕鬆的媽媽！是的，輕鬆！

「媽媽」這個身分很難與「輕鬆」兩字劃上等號，常聽見有人這麼說：當你成為媽媽，就等於宣告失去了自由——彷彿從那刻起，整個人生都要跟著這個身分一起掩埋在尿布堆與孩子的哭鬧聲裡了。

你看，光是想像畫面就讓人多麼不輕鬆了！

我知道有很多的育兒法教導新手父母什麼才是照顧寶寶最適合的方式。育兒，這應是母親與生俱來的本能，為什麼我們卻需要來自四面八方的育兒良方與建言？我想，也許是和有了寶寶後，新手父母不再能輕易的找到生活的平衡有關。為了想要再次抓住生活的節奏，同時給寶寶最好的照顧，新手父母（和他們的爸爸媽媽）莫不豎起耳朵、化身包打聽，找尋最好的育兒方式。

我所知道最好的育兒方式是《百歲醫師教我的育兒寶典》裡所建議的方式，也許不是每個人都作如是想。不過，因為我覺得最好，所以推薦給你。它讓我跟寶寶都很輕鬆！

在網路上，關於百歲醫師育兒法帶來的「輕鬆」有兩種評論：

圖輕鬆還是真輕鬆？差很大！這個方法幫助我帶著還是新生兒的寶寶一起進入規律的生活裡，寶寶在這之中越發顯得穩定、愉快，也有安全感，每日我們享受彼此同在的時光：不但能親密的哺乳，我也能精神奕奕的陪伴孩子遊戲，並帶著他認識這世界。當寶寶疲倦需要睡眠時，這個方法還能幫助我的寶寶每天擁有長時間穩定的睡眠。

看著寶寶這麼快樂，我跟寶寶都好輕鬆。

讓寶寶自己睡一間？
這個方法根本是
媽媽自己想要
圖輕鬆！
寶寶都跟書裡
講的一樣！
好放心，
真輕鬆！

寫給想更認識百歲醫師育兒法的父母

各位對「百歲醫師育兒法」還不是太認識的爸爸、媽媽、阿公、阿嬤，我也曾跟你們一樣有點認同又有點不認同這個方法，懷疑拿它來照顧惜命命的心肝寶貝咁e通？

寶寶不會沒有安全感嗎？
不會太殘忍嗎？
每個小孩都不一樣！

我雖然在自己的書裡已詳細解說過，在此仍不忘「好戲大家看」之精采劇情重播一下：這個方法通通通，真正有通！

第一通 每個健康的寶寶都適合

有人說：「喔！這個方法當初我也有試過，可是……我的寶寶……他很有個性／他不喜歡／他天生氣質不同／他需求比較高……所以，不適合這個方法。」冰友啊！這幾年我認識不少位原本懷疑這個方法是否適合自己寶寶的新手父母，當他們開始重新**一步步照著百歲醫師的方法做**，**每個寶寶都如書上說的**：自然睡過夜、連睡十到十二小時，而且上床自己睡覺都是**笑咪咪**，醒來也是**笑咪咪**的！如果不是有安全感的話，寶寶會這樣笑咪咪嗎？

其實，每個健康的寶寶都適合這個方法。

你可以再靠近一點……
再靠近一點……
（老詞，暴露年齡！）
如果不是有安全感的話，
我會這樣笑咪咪嗎？

第二通 寶寶可以睡得飽飽，一暝睏十二小時

如果寶寶夜間的睡眠不能睡得夠長，會有哪些壞處、哪些好處呢？大概能想出許多壞處，不過我卻想不出會有什麼好處。

身為父母，我們莫不努力為寶寶爭取最大益處，如果眼前就有著一個方法，能讓心肝寶貝自然擁有長時間的睡眠，相信沒有父母會拒絕！

丹瑪醫師所建議的，就是這麼一個方法：為寶寶建立作息，讓寶寶可以很快的睡過夜，在兩、三個月大的時候，就能建立「連睡十到十一小時」的習慣，五個月大改成吃三餐後能連睡十二小時，中間都不需要再喝奶！

其實每個健康的寶寶都可以！

啥米！連睡十二小時都沒有喝奶！不會餓嗎？
阿嬤，你放心，我不會讓自己餓到啦！我是真的想睡。

第三通 寶寶可以吃得好好，零歲到六歲都免煩惱

這個方法所建立的規律作息，無論是在餵奶、副食品或是斷奶後的這三大階段，寶寶都能吃得很好！原因就是寶寶是肚子真正餓了才吃，每一次能吃得認真，量也多，得到真正的飽足。

有了孩子五年多來，我從來沒有煩惱過孩子吃的問題。

老大在兩歲四個月臼齒全長出來前，一天三餐，每餐都是吃五百五十C.C.、營養均衡的食物泥，之後我才慢慢給他一些食物練習自己吃。所以，我從來不用費盡心思地準備「可愛繽紛花色寶寶餐」來服侍皇上。

與其想方設法迎合寶寶，不如盡力在這個階段繼續供給他成長所需的營養。

依照丹瑪醫師的建議來照顧寶寶，當他結束食物泥階段，開始吃大人的食物後，不但不挑食而且口味清淡、喜歡各樣的蔬菜！我不需要使上各樣花招來引誘孩子吃飯，吃飯對他來說本身就是一種恩典、一種享受！

我家妹妹剛滿一歲半，也循著哥哥吃得好好的模式，並沒有因為換了一個人，就有什麼不同。所以，在照顧孩子的飲食上，我總是輕鬆愉快，也相信一直到更大都會是免煩惱！

其實，每個健康的寶寶都可以！

第四通

到餐廳，乖！逛玩具店，乖！坐捷運，乖！

關於教養，丹瑪醫師說：「照顧寶寶的態度要一致。」她也說：「別用你不希望別人對你說話的方式，來對待孩子。」，能將這兩句話發揚光大，就可以在幼兒的教養上先省下很大的功夫！同樣的，《百歲醫師教我的育兒寶典》這本書裡也提到不少真正愛孩子的教養方法，對我在教養孩子上有很大的幫助。聖經說：「也要殷勤教訓你的兒女。無論你坐在家裡，行在路上，躺下，起來，都要談論。」（申六7）父母不應該忘記管教孩子這個任務，當父母為孩子立下界線，孩子就有安全感，帶著小小孩到哪裡攏-e通！

哪有一個育兒法可以這麼完整的照顧到睡眠、飲食還有態度？這些寶貴的智慧讓我們這些新手爸媽受益無窮！

不是將全副氣力用盡才是最強的母愛！

有人說運用「親密育兒法」的方式是「為寶寶」，運用「百歲醫師育兒法」的方式是「為媽媽」。「為媽媽」這三個字帶著一種批判，意思是說這個媽媽不夠犧牲，也許比較自私，她只想到自己卻沒有去照顧到寶寶的需要……我要說，這是完全錯誤的！

愛有很多種形式，並不是將全副氣力用盡才是最強的母愛！如同選擇「親密育兒法」的父母深愛自己的寶寶一樣，用「百歲醫師育兒法」來照顧寶寶的父母，

當然也跟前者一樣也深愛自己的孩子！

然而，正因為有那麼多的愛，父母們才想努力選擇更正確的方式，盡全力來滿足寶寶的需要。新生兒需要的是什麼？他需要吃、需要睡、需要安全感，這些在丹瑪醫師建議的方式裡不但都有，還能隨時有一對精神百倍、情緒穩定，懂得引導孩子的父母當後盾，一點也不需要擔心！

當爸媽不用算業績！

若能順利照著丹瑪醫師的方式，養出個吃好、睡好、又有安全感的寶寶，是件快樂的事！不過，這幾年因為新手父母的來信與來電，我知道有些媽媽卻因此

我一定要做到！
「鉅細靡遺」是我
做媽媽的宗旨！
緊繃
緊繃

而逼迫自己，當自己的寶寶還不是所謂「百歲派」應有的樣子時，就焦慮自責。比如，寶寶應該能連睡十二小時，為什麼自己的寶寶睡不到那麼長？或者在做寶寶食物泥時，會因為對食材精挑細選，深怕給寶寶吃了什麼對成長不好的食品而惶惶不安，完全無法放鬆。

我要鼓勵每個曾經懷疑自己的父母，並且提醒你：這個方法是要幫助你成為一位快樂的爸媽，而不是要逼迫你達到每一項「業績」，也不是要讓你成為科學實驗或醫學的專家。

你已經是一個努力幫助寶寶的好爸爸、好媽媽。如果有很多人告訴你「更好的方法」，但這些方法卻讓你沒有辦法享受與眼前可愛的寶寶相處時，那麼你應該放輕鬆的回到丹瑪醫師建議的方式去做。

在我的經驗中，很多父母因這個方法而獲得益處。因為丹瑪醫師，我們知道該如何照顧寶寶，也因此不用埋在尿布堆和哭鬧聲中，且能游刃有餘的從事一些小姐活：插花、織布、寫書、寫部落格文章分享。

不過，我們得要時時提醒自己：這些養育嬰孩的智慧不是從我們自己來的，我們是因丹瑪醫師的智慧而得到幫助的！

要感謝一個幫助你的人最好的方式就是「尊敬她的智慧」，不要曲解她的話成為自己的，就讓她的建議維持原本的樣子！

讓我受用無窮的一句話

感謝上帝讓我成為一位母親，並賜給我們一位睿智慈愛的醫生。雖然我從未見過丹瑪醫師的面，卻因她寶貴的智慧，讓我能充分享受上帝所賞賜的禮物——我的兒女。

我常常以丹瑪醫師著作的書名《Every Child Should Have a Chance》來勉勵自己。上帝將孩子賜給我，我就要盡力的幫助他，讓他有最好的成長基礎，包括：良好的飲食、睡眠還有父母的陪伴教養。

感謝丹瑪醫師！

《喂，請問百歲醫師在家嗎？》這本書整理我實際照書養的經驗，分享每一階段難關的作法見證。包括作息的建立、寶寶睡過夜、安全趴睡鋪床、食物泥簡單製作以及其他育兒教養心得。透過圖畫輔助，希望能讓有疑惑的父母一目了然，用起這個方法更輕鬆，也不再誤會和錯過這個方法！

丹瑪醫師睿智的建言是很多人在育兒路上最大的幫助，如果你曾聽見有人以為需要改良她的作法來讓這個方法更「好」。那麼請聽我的建議，就像喝水傳話，最正確的話總是最源頭的。盼望丹瑪醫師豐富、慈愛、智慧的七十餘年行醫經驗能不被稀釋，而能繼續介紹給更多想認識她的新手父母。以此來感謝她。

我們將發表其他更多的育兒分享，歡迎來到：
Judy & Carol
http://www.jcformosa.com/

黃正瑾

2010 出版《喂，請問百歲醫師在家嗎？》。
輕鬆簡要的圖文介紹，讓新手父母一目瞭然、快速掌握寶寶作息建立要訣，享受育兒時光。
透過網站和每週一次的百歲醫師育兒法電話專線時間，幫助許多新手父母成功使用這個方法。
網站：www.birdcarol.idv.tw/

暢銷百歲醫師育兒法作家分享 2

從書呆子變全能媽

文・許惠珺

照顧寶寶是件苦差事？

報紙上常會讀到有些新手媽媽，在生完孩子之後陷入嚴重的憂鬱症之中。我們周遭也有不少年輕父母，在養了第一個孩子之後，決定不再生第二胎。有的夫妻認為孩子是一定要有的，卻視養孩子為苦差事，覺得很煩、很累，無法享受育兒的喜樂。很多台灣人甚至相信，想要養孩子的話，頭兩年不必期待晚上可以睡個好覺。還有一些職業婦女，生產後請了育嬰假，卻迫不及待想把孩子託給保母，自己重回職場，這樣就不用整天搞一個哭鬧不休的寶寶。

為什麼照顧寶寶這麼難？我想主要原因有二。第一、寶寶固定半夜醒來哭鬧，工作一天已經夠累了的父母，沒有一天可以睡好覺，每天早上帶著黑眼圈起床後，又要面對新一天的挑戰。難怪很多照顧寶寶的父母，覺得體力吃不消，生活品質大受影響。而睡不飽的寶寶，心情也不會好。

第二個原因是餵食的挑戰。吃奶的寶寶，三不五時就哭鬧著想喝奶，把媽媽累得人仰馬翻，甚至影響了乳汁的分泌。到了四、五個月大時，寶寶可以吃副食品了，但要吃哪些副食品呢？要做什麼樣的副食品，孩子才會愛吃、才會攝取到足夠的營養呢？孩子喝的奶量夠嗎？孩子吃的副食品夠營養嗎？看著上升緩慢的生長曲線，真是把父母給急壞了。

傳統的育兒觀念和作法，讓孩子變成了「甜蜜的負擔」。有時候，那個負擔越來越重，最後連甜蜜都談不上了。育兒真的一定要這麼辛苦、這麼沒有章法嗎？

我本不是當媽的料

我從小就是個書呆子，整天抱著書，教科書和課外讀物不離手。父母見我課業成績好，很有面子，就很少叫我幫忙做家事，廚房對我來說，更是禁地。除了沒有機會做家事、學做菜，父母也沒有訓練我照顧弟弟妹妹，我從小到大都沒有照顧小孩子的經驗。

可想而知，結婚之後，想當賢妻良母的我，要學的功課有多少！

第一次接觸百歲醫師育兒法

二〇〇二年底，我和我先生讀了一本書，叫《丹瑪醫師這樣說》（暫譯），第一次接觸到丹瑪醫師的育兒法後，驚為天人，覺得這套育

兒法非常有道理，我們深深被吸引。

這套育兒法看似顛覆台灣傳統的育兒觀念，卻不是什麼新發明的育兒法，而是丹瑪醫師行醫七十幾年的心得，我認為經得起時間的考驗。許許多多用這套育兒法帶大的孩子，早都已經長大成人，有太多的實例可以證明這套育兒法的效用。

當時我們夫妻正準備收養第一個孩子，這套育兒法讓我們躍躍欲試，兩人也都有共識：將來若是有孩子，一定要照這套方法來帶孩子。

大骨湯跟食物泥的營養差很多！

丹瑪醫師這套育兒法有兩大特點：第一，強調讓寶寶睡過夜的重要。因為夜間連續長時間的睡眠對寶寶的發育大有好處，而寶寶若能睡過夜，父母也就能睡過夜，第二天便有精神體力來照顧寶寶、享受育兒樂，這是雙贏。

第二個特點是：大約從寶寶三、四個月大時（開始流口水之後），開始教導寶寶吞嚥食物泥，然後隨著寶寶吃的食物泥量越來越多，幾個月後就能夠自然斷奶，一天三餐改吃食物泥，直到兩歲多。丹瑪醫師認為家中自製的食物泥，健康衛生又營養，是寶寶最好的食品，這是從天然食材製作而成，不像外面加工的產品。

台灣傳統的作法，是熬大骨湯稀飯給寶寶吃，作為寶寶開始吃天然食物的起步。但是大骨湯白稀飯的營養，和食物泥的營養相比，實在差多了。

在食物泥中，澱粉、蛋白質、

蔬菜、水果的比例大致相同，澱粉可以使用比白米營養價值更高的非精製食材（如糙米、胚芽米、五穀米、地瓜等）；蛋白質可以使用瘦肉、豆類、蛋；蔬菜可以使用鈣質含量豐富的深綠色葉菜、根莖類蔬菜等，變化很多；而水果，則可以用來把食物泥調成甜味，比較接近母奶或配方奶的甘甘甜甜。

很多台灣人會早早開始餵寶寶吃正常的食物，但寶寶的牙齒根本還沒長齊。咀嚼不完全，吃下肚的食物只不過是原封不動的排出來而已。就算牙齒已經長出來，但兩歲以下的孩子，不可能吃進足夠的食物，進而攝取到足夠的營養。很多父母就繼續讓孩子喝奶來解決這個問題。

把食物打成泥狀，寶寶可以充分吸收消化所有的營養，不用擔心營養會不夠。

這是能享受樂趣的育兒法！

二〇〇三年九月，我們收養了第一個孩子。孩子出院之後只在孤兒院待了一個晚上，隔天就讓我們抱她回家了。我們有幸從這麼小的嬰兒來實踐百歲醫師育兒法，這實在夠接近自己生育的經驗了。

孩子到我們家的第一天晚上，半夜哭了，我們沒有起來哄她。當她再度睡著後，直到早上五、六點才又醒來哭。

光這樣一個晚上沒有哄她的訓練，她從第二天開始便天天睡過夜，半夜不再醒來。

我們好驚喜，百歲醫師育兒法真是太棒了！

接下來我們為寶寶建立固定的作息，白天每四個小時餵奶一次，遵循「吃、玩、睡」的模式，也就是醒來後先喝奶，喝完奶玩半個小時到一個小時，然後上床小睡，直到下次的餵奶時間。

不到一個禮拜的時間，寶寶的作息就上軌道了，因為吃飽睡足，精神好、心情好，發育也好。

我們這對新手父母，雖然剛開始動作生疏，但很快就上手了。我們因為每天晚上都能好好睡上一覺，白天也不用一直哄哭鬧的寶寶，每四個小時才需要花一個

小時給寶寶餵奶、陪寶寶玩，所以可以充分享受育兒的樂趣，也能兼顧在家工作的責任。想不到像我們這樣的新手父母也能輕鬆育兒，實在令人難以相信。最重要的是，寶寶也很快樂，每次醒來準備喝奶時，心情都十分愉快，而不是哭鬧著要人抱。

情感需求較高的孩子也非常適用！

二〇〇六年，我們再度收養一個女兒，她來我們家時是五週大。老二的個性比較倔強，我們花了六天訓練她睡過夜。她在四個月大時開始學吃食物泥，七個多月斷奶，最後每餐可以吃五百C.C.的食物泥。

二〇〇八年，我們收養了老三，是個五個月大的男孩，訓練一天就可以睡過夜。他一來我們家就開始學吃食物泥，一週內斷奶，改成一天三餐食物泥，最後每餐可以吃四、五百C.C.的食物泥。

二〇〇九年，我們收養了老四，也是個五個月大的男孩，他來我們家當天晚上就睡過夜了，省掉我們不少麻煩。他也是一來就開始學吃食物泥，一週內斷奶，改成一天三餐食物泥，最後每餐可以吃五到六百C.C.的食物泥。

老四的情感需求較高，需要比較多的擁抱，我們會在他吃完奶、想玩耍的時候多抱抱他。經過一致的照顧方式，老四來我們家一個月後，開始變得很快樂，不再容易哭鬧了。

我們四次使用丹瑪醫師的育兒法，照顧四個來自不同原生家庭、個性和基因都截然不同的寶寶，結果都一樣美好！對我們來說，照顧新生兒的時期，真是最輕鬆的時期，這個階段是單純的照顧工作，也是單純的享受育兒。如果有機會再收養一個新生兒，我們還真不排斥呢！

傳說中的「食物泥一口接一口」很簡單！

我本不是當媽的料，卻因為遇見丹瑪醫師的育兒法，得以享受照顧四個嬰兒的樂趣。不但如此，竟然還能夠寫書分享育兒經驗，上帝的安排，真是奇妙。

有些媽媽在使用百歲醫師育兒法時，遇到一些困難，後來到我的部落格留言發問。我發現這當中以餵食物泥的問題最多，大多是孩子吃食物泥不順利，於是我寫了一篇文章分享：「孩子吃食物泥不順利，怎麼辦？」利用幾點原則，幫助父母自己找出問題所在，然後加以解決。

我在這篇文章中，還放了一段影片連結，是餵我們家老四吃食

物泥的影片。幾個格友看了之後驚呼：「原來傳說中的一口接一口，就是這樣啊！」實在令人莞爾。沒錯，餵食物泥就是可以這麼簡單、這麼順利、這麼快速！我們家四個孩子就是明證。

若遭遇挫折，只要找出癥結就能再破關

很多爸媽知道這套方法之後，執行起來卻困難重重、十分挫折。千萬不要灰心，只要願意用心找出問題所在，一定可以解決。百歲醫師的育兒法其實很簡單，並不複雜，只要按部就班，遇到問題時冷靜想想看，是不是前一步沒有做對，而影響到下一步的結果？是不是自己的觀念不正確，而影響到執行時的態度？

有時是因為孩子的主要照顧者不只一人，每個照顧者的觀念和作法不同，導致孩子的行為模式反覆無常，捉摸不定。這時，就要想辦法讓每個照顧者的作法一致，才可能解決問題。有時是因為父母在訓練寶寶做一件事時，寶寶剛開始不適應或不習慣，就以哭鬧的方式回應。

這時父母必須很清楚自己為什麼要訓練寶寶做這件事，這樣做對親子雙方有什麼好處，只要知道自己這樣做是對孩子好，是在

愛孩子，就可以帶著堅定的信念和一致的作法，好好堅持下去和忍耐。你會很驚訝，父母的愛與堅持，竟能在短短的時間內發揮很大的功效！

願每一個使用百歲醫師育兒法的爸媽，都能夠輕鬆育兒，享受親密又愉快的親子關係。

一出生就受用！

跟著百歲醫師這樣做，寶寶好吃、好睡、好健康！

成效驚人的最佳新手父母示範！適用於每一個孩子！以自家分別領養的四個孩子親身驗證 — 實踐百歲醫師育兒法輕鬆克服寶寶作息紊亂、夜奶哭鬧及體重不足等問題，媽媽寶寶從此一夜好眠！

書中並特別分享領養四個孩子的育兒心得，從日常生活餵養到常規訓練，甚至關於收養問題，都有最詳盡且熱切的分享。

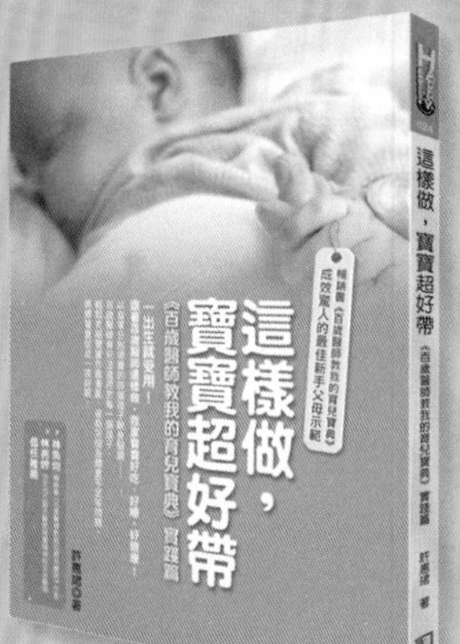

許惠珺

交通大學計算機工程系畢業，紐約州立大學奧本尼分校電腦碩士。從事翻譯廿年，譯有《百歲醫師教我的育兒寶典》《從零歲開始》《勇於管教》「大衛鮑森牧師講道系列」等。和美籍夫婿在六年間陸續收養四個嬰兒，如今照百歲醫師育兒法照顧的老大已經十歲，部落格：http://jeanheidel.blogspot.tw/

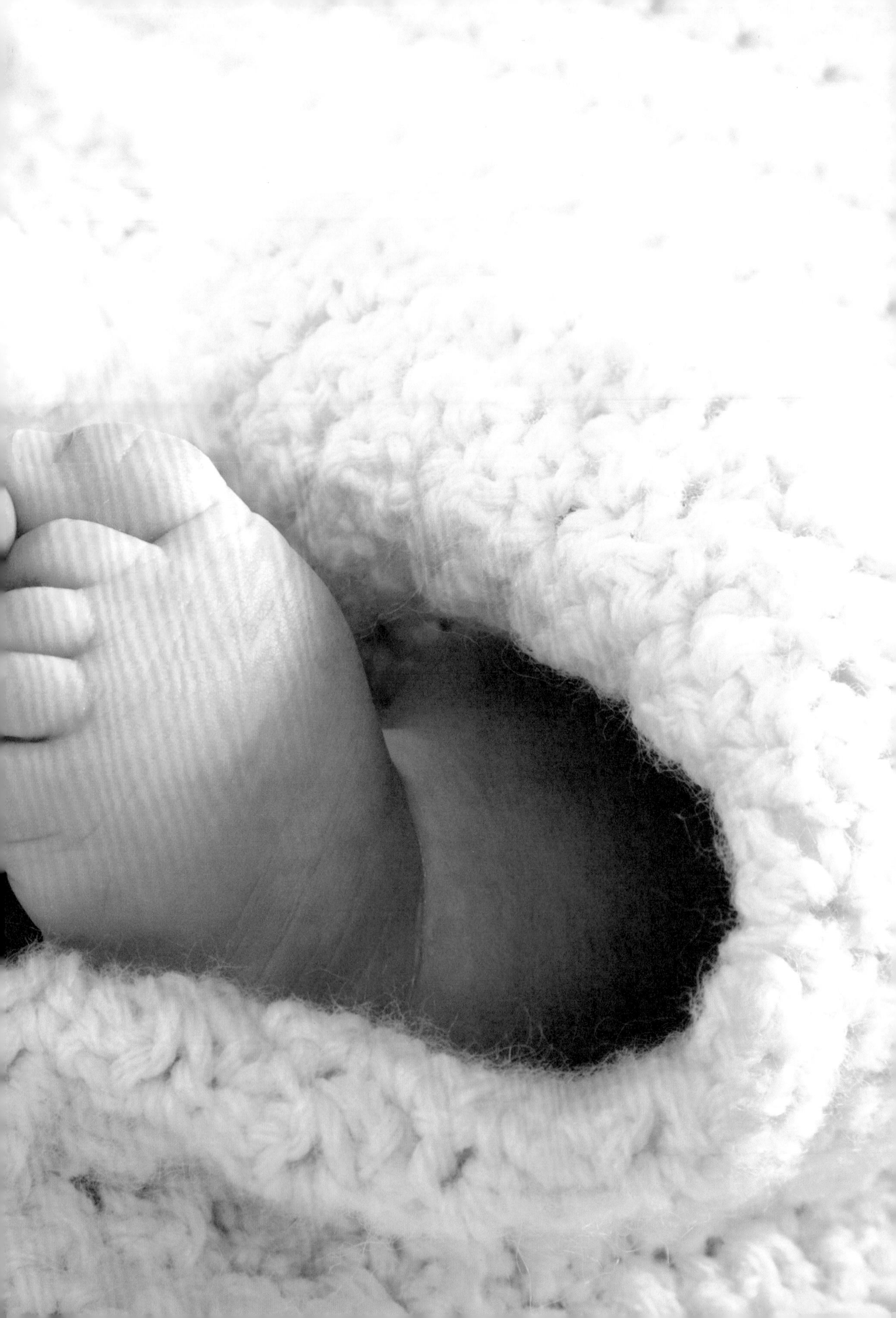

第二章

經驗分享篇

百歲爸媽經驗分享 ❶

不快樂的媽媽，能養出健康的孩子嗎？所以，我要變快樂！

- CC媽
- 台北市／一個兒子
- 職業：全職媽媽
- 我的個性：容易緊張、多愁善感，但是百歲醫師讓我蛻變成為一個自信、快樂的媽媽！

我們自以為哄睡哄出心得，卻常常筋疲力竭……

在寶寶三個月前，我們處於搬進去跟寶寶住的狀態，他是主人，我們全然依他的哭聲猜測他的需求，常常一餐就給超齡的奶量。還沒滿月，就曾一餐給超過二百C.C.的奶，但他還是哭鬧不休。吃這麼多應該是吃飽了卻還不停的哭，再猜測應該是想哄睡，於是抱著、哄著、搖著、走著，夫妻倆都精疲力竭還無法幫助他入睡，然後，寶寶終究會有睡著的時候，但始終睡不長、睡不穩。

一開始我們常自以為哄睡哄出心得，例如以為寶寶就是愛聽某首歌入睡，而這招卻沒超過三天就失效；邊搖邊走哄睡有時會成功，但我們沒有阿飄的輕功，不小心發出的一些聲響就又破功了，抱著全身無力，還曾邊走邊打瞌睡踢到床角，甚至害寶寶的頭去撞到牆或衣櫃。

想想，這跟精神不濟卻硬要開車一樣危險。於是，我冒著坐月子中眼睛脫窗的風險，每天上網查看有何其他哄睡法，也幸好積蓄不多，不然恐會敗一堆昂貴的電動搖床或其他哄睡的工具，仍舊無法讓兒子睡好。

就在那些漫漫長夜，我們發明了好幾種特殊哄睡法，例如：汽車安全座椅哄睡法、音樂哄睡法、半夜遊戲哄睡法，或者「乾脆不睡法」，並且不停寬慰自己

「天下的寶寶都是難睡的」。有時候還會告訴自己：寶寶吵鬧的時候，真是可愛啊（嘆）。

那時，我心中了第一個疑問：

「我的寶貝，你到底是哪裡不滿意，為什麼哭不停、餵不飽、哄不睡？」

之前以為當媽媽和照顧孩子是女人的天性，育兒書只要參考就好，沒想到……大錯特錯！就是因為人是有理性的動物，所以我們才要著重經驗的分享與傳承，才能成功地適應群居生活。

在育兒上也是，難怪市面上有這麼多的育兒書，而我很幸運的收到婆婆送給我這本《百歲醫師教我的育兒寶典》，真的很感謝她幫我牽線，認識這麼棒的育兒法。

未執行百歲醫師育兒法時，我們只能不停猜測寶寶的需求，只覺得寶寶需索無度，我甚至越來越懷疑自己沒有母愛，因為自己的不快樂，我的耐心漸漸被消磨。

我的心裡，又出現另一個疑問：「不快樂的媽媽，真的可以培育出快樂健康的孩子嗎？」

先是夫妻計較半夜誰該起來哄寶寶，天亮後算帳昨晚誰翻身太大聲吵醒寶寶。生了寶寶之後，失去了閒情逸致約會培養感情，家務也因此鮮少整理而凌亂不堪；三餐隨便吃，以至於原本就有胃病的先生病況加劇，我變得情緒化且悲觀。全家都為這個新來的小主人忙得團團轉。

也因為不了解寶寶的哭聲，以為他吃不夠，於是我也聽從一般人的建議勤奮擠奶，一天擠了不下八次奶，擠得腰痠背疼、熊貓眼，每每在擠得累到心理不平衡，看先生不順眼：為什麼生的也是我、擠的也是我、休息的卻不是我！怨念只有越來越深的傾向。

這樣的我，如何帶給寶寶健康快樂的成長環境？我們越來越沒自信能扮演好父母的角色，甚至發誓絕對不生第二胎的誓言。

但是，百歲醫生書裡的一句話，讓我們的生活有了轉機：

「是你們搬進去跟寶寶住，還是寶寶搬進來跟你們住？」

之所以一開始沒有執行百歲，是因為身旁親友皆認為不可能也不可行，甚至連寶寶的小兒科醫師也認為：定時餵母奶，以及為寶寶建立作息是絕對不可能。所以我始終存著半信半疑的態度。

直到歷經前三個月苦難的日子，加上終於有朋友向我分享他執行成功的經驗，還有在**產後回診時好奇詢問了接生的主治醫師，其恰巧就是用百歲醫師育兒法育兒成功，我才鼓起勇氣要徹底執行。**我體悟到我們必須要做這個家的主人，維護全家的健康與和諧，讓寶寶能快樂地成長。

> 執行百歲醫師育兒法後，我才漸漸分得清楚寶寶的哭聲是什麼意思，我不再害怕他的哭聲。

百歲醫師育兒法也可以親餵母乳！絕對不衝突！

訓練花了一週的時間，感覺卻像過了一萬年，我們終於為寶寶建立起作息，並成功引導寶寶自行入睡了。而我也從瓶餵母乳改為親餵母乳，這一切的一切都令人驚喜！

寶寶不用再費力哭著告訴我們他其實餓了、想睡了，因為他知道時間一到，不用哭就有奶可以喝，就可以好好睡覺，並且晚上也能一覺到天亮。而且當他有異常狀況時的哭聲，是不會被我們忽略的。

百歲醫師育兒法也使我認識親餵的好，使我鼓起勇氣耐著皮肉的疼痛挑戰親餵母乳，於是之前我集乳、溫奶、洗奶瓶的時間，空出來成為我的休息時間。

而我也終於親身體驗到，原來實行百歲育兒法也可以定時餵母乳，而且不會影響奶量。我是屬於奶量很多的產婦，前三個月經常因為集乳擠過頭致使供需無法平衡，不僅過度脹奶導致乳腺堵塞、疼痛不堪。

受到百歲醫師育兒法的鼓勵，成功改親餵母乳，並學會躺餵，不用再常常坐著集乳擠得腰痠背疼，還可以和寶寶有一生難得的親密接觸。

百歲醫師育兒法帶我不再害怕哭聲

執行百歲醫師育兒法後，我才漸漸分得清楚寶寶的哭聲是什麼意思，我懂得他想睡覺的哭聲、餓的哭聲、深淺眠轉換時的哭聲、腸胃不舒服的哭聲、想討抱的哭聲……，我不再害怕他的哭聲，甚至可以體會有些人說「寶寶的哭聲是天籟」的話了。

然而更重要的是，因為寶寶的穩定作息，讓我們可以善用他休息的時間整理家務，好好的吃頓飯，甚至家人也可以依照寶寶的作息表輕鬆的找人代為照顧，讓夫妻倆終於能開始有小約會，可恢復二人世界時的感情。

製作食物泥認識食材

我相信這些都能幫助他建立良好的飲食習慣，寶寶不會因頻繁哺餵而把正餐當成是在吃點心那樣，每餐都喝少少又快快餓。百歲醫師育兒法讓我的寶寶在滿六個月後就成功改三餐並自然離乳，使得因寶寶厭奶而嚴重退奶的我，也不必擔心奶粉錢。

百歲醫師育兒法也教導我如何親手為寶寶製作營養均衡的食物泥，間接地也讓我認識許多食材的優點，進而也為全家人的飲食均衡把關。

雖然親自製作食物泥很累，但每每看到寶寶吃光光，就覺得一切都值得了。而規律的作息也可以幫助他建立起好的時間觀念與睡眠品質，並持續於未來過得更健康快樂。

寶寶有了規律作息，及自行入睡能力，讓全家人受惠。在寶寶清醒的時候，我們以更燦爛的笑容和更充足的精神陪他遊戲、學習，我甚至還有空閒可以幫助其他新手爸媽認識百歲醫師育兒法的好處，並分享經驗使更多家庭受惠。

我從沒想過自己在育兒上可以這麼有自信，這都要感謝丹瑪醫師的這席話讓我們全家人找回健康、和諧和快樂！

當然更要感謝奂均、還有惠珺讓我們認識百歲醫師育兒法，以及其他無私分享百歲育兒經驗的父母們，特別是臉書社團裡的前輩媽咪們，讓我的育兒之路踏上快樂的坦途！

你最常被身邊朋友或網友問的百歲醫師育兒問題是什麼？你怎麼回答？

Q：會讓寶寶趴睡嗎？會讓寶寶一直哭嗎？

A：讓寶寶趴睡，但是要用百歲育兒寶典教的方法正確鋪床，來防止意外發生。

另外，我還會排除是否該換尿布、生病、溫度、房內光線太亮、噪音等等因素，會讓寶寶哭超過半小時再觀察，並盡量讓寶寶自行入睡。

你的寶寶在新生兒時期的作息是？請分享不同月齡，或是有劇烈改變的時間點為何？

我從第三個月才開始嚴格實行百歲醫師育兒法

【3～5個月】

6：00 起床喝奶
8：00～10：00 小睡
10：00 起床喝奶
12：00～14：00 小睡
14：00 起床喝奶
16：00～18：00 小睡
18：00 起床喝奶
20：00～20：30 小睡
22：00 餵奶完後長睡

【6～10個月】

8：00 第一餐
10：30～12：00 小睡
13：00 第二餐
14：30～16：30 小睡
18：15 第三餐
20：30 晚安，長睡

【10～12個月】

8：00 第一餐
10：30～12：00 小睡
13：30 第二餐
14：30～16：30 小睡
19：00 第三餐
20：30 晚安，長睡

【13個月至今】

8：00 第一餐
11：30～14：00 小睡
14：00 第二餐
19：00 第三餐
20：30 晚安，長睡

丹瑪醫生建議別吃奶嘴，但你的寶寶吃奶嘴嗎？哭鬧時如何克服？已吃者如何戒除？

我的寶寶不吃奶嘴，寶寶三個月始會吸手指自我安撫，至一歲後只有在睡前會吸手指。

你如何處理和婆婆、媽媽或主要照顧者關於百歲醫師育兒法的溝通呢？

不斷溝通，分享百歲醫師的觀點，長輩無法接受還是堅持用百歲醫師育兒法的做法，直到寶寶作息穩定，長輩才漸漸接受百歲育兒的觀念。

遇到寶寶學翻身、常常把睡著的自己吵醒的陣痛期時，你怎麼處理寶寶被自己驚醒的問題呢？

冷處理，不予理會，也沒有使用床圍，過渡期大約二至三週。

寶寶開始嘗試食物泥，你怎麼掌握餵食關鍵？

我家寶寶四個月就開始嘗試副食品。食材試過不會過敏後，就先泥後奶，大膽增加泥量，寶寶不想吃就收工換餵奶。六個月開始嘗試一天有三餐餵食物泥。我認為這時餵食副食品該先泥後奶，把握寶寶正在厭奶期的重要契機，大膽加量！

照顧寶寶需要彈性原則，可以分享你覺得彈性處理得很好的部分是什麼嗎？

我覺得餐與餐之間隔時間的彈性，是我處理得還不錯的部分。有時看寶寶不太餓的樣子，就會將間隔五小時拉長至間隔五．五小時，讓寶寶可以盡量將營養的食物泥吃光光。（編按：丹瑪醫師建議每餐間隔為五．五至六小時。）

你覺得百歲醫師育兒法最棒的部分是什麼？最適合怎樣的爸媽？

我認為**讓寶寶有穩定的作息，最適合忙碌的爸媽**！因為作息穩定，爸媽可以依寶寶作息表安排自己的時間，委託照顧也很方便，不管是家人還是保姆。

給初入百歲醫師育兒法的爸爸媽媽的一句話！

曾經也是新手爸媽的我們因百歲醫師育兒法而受益良多，也讓我**遠離了產後憂鬱**，所以，請相信您的選擇，堅定信念，勇往直前地執行百歲醫師育兒法吧！

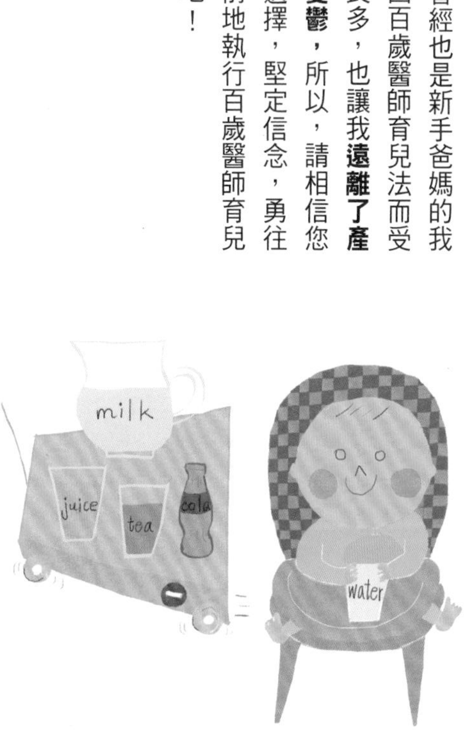

百歲爸媽經驗分享 ❷

我的雙胞胎能執行百歲醫師育兒法，你也一定可以！

· 大妍
· 台中市 / 雙胞胎 2 歲
· 職業：全職媽媽
· 我的個性：天真浪漫隨性，喜歡特立獨行，對待孩子願意拿出所有的耐心，且富有極大的研究精神。

二十六歲意外的懷了雙寶後，驚喜之餘伴隨著更多的緊張和焦慮，自己帶孩子一直是我和老公的理想，但一次兩隻……我能辦

到嗎？對於育兒知識全無概念的我，懷孕時幾乎都掛在網路上研讀許多育兒資訊。

才懷孕五個多月，家裡已經被我布置成有小孩的樣子了，嬰兒床、尿布檯、音樂鈴、嬰兒躺椅、空氣清淨機……該安置、該組裝的也都通通準備好了。

某一天，在醫院從事護理室主任的母親打電話給我：「很棒，但是……教養小孩不是只有用品，你想好要用什麼教養方式了嗎？我送兩本書給你。」我收到的這兩本書正是林奐均的《百歲醫師教我的育兒寶典》及許惠珺的《這樣做，寶寶超好帶》。

我的兩個小孩在三十四週時早產，出生體重分別為一五〇〇克及二二〇〇克，體重比較輕的寶寶在醫院的病嬰室裡住了一個月，所以我統一採瓶餵母乳的方式。從月子中心帶回家後，當然是一陣手忙腳亂，不過約一個星期後，我變得從容淡定、不慌不亂，甚至能放心做自己的事、安心的睡覺，還能和朋友們分享帶雙寶的趣事。

老公說，好像她們的遙控器在我們手上喔

很多人問我這個新手雙寶媽媽怎麼能如此輕鬆快樂？其實我只是給了寶寶一份規律、合理的作息，讓他們擁有十足的安全感，不需要用哭聲來表達肚子餓、想玩、或是累了。擁有規律的作息

後，我也能好好安排自己休息、擠乳、吃飯的時間，當時我還「很有空的」幫自己和雙寶畫了一份自認完美的作息表。

雖然規律作息讓生活些許乏味，但換來的是兩位穩定的嬰兒，及大人充足的睡眠！把雙寶帶回家一星期後，我和老公每天晚上就能安穩（簡直靜悄悄）的睡滿六小時，三星期後每天晚上都能睡滿八小時。

老公常說：「好像她們的遙控器在我們手上！」有人認為我怎麼這麼幸運，剛好養到兩枚天生愛睡的天使？

其實，並非如此，我的雙寶在月子中心時睡得很少。他因為沒有作息表，我分不清楚寶寶的

謝家百歲寶寶 5 餐作息表

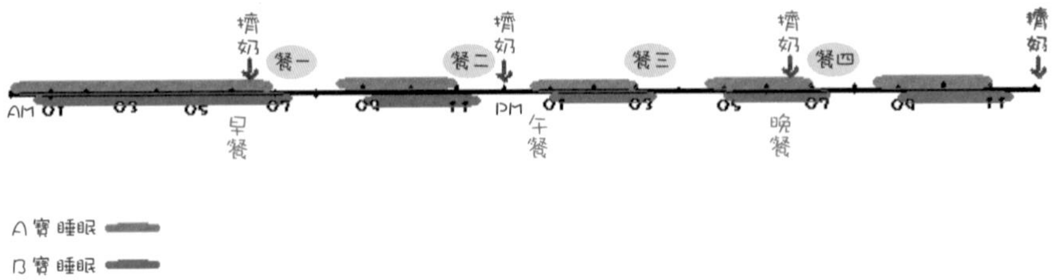

「想要」和「需要」，造成「離開床」的決定權在寶寶身上；自從有了作息表，我就能分得清楚寶寶的「想要」與「需要」，面對寶寶的哭聲不再驚慌失措，能冷靜地依照各種狀況反應，有時應該馬上介入，有時則只需給寶寶一些時間。

因此我的雙寶非常有安全感，他們知道什麼時間媽媽會做什麼事，就算提早醒來也不會慌張的找媽媽，他們會各自在床上自得其樂的玩耍，等待我打開房門的當下，給我一個大大滿足的笑容。每個早晨最期待的就是這一刻，總是能瞬間被他們一早的笑容融化！

另外，我也很慶幸雙寶能學會

自行入睡，到目前為止我還沒花過時間在哄睡上。現在雙寶通常睡覺時間到就會吵著想回床上，一放到床上就顯得安穩、自在。就算出門在外地旅遊也一樣，不會因為環境而影響自行入睡的能力。睡前一個擁抱、親吻，講一句愛他們的話，放上床他們立刻進入「備睡狀態」，然後，我就可以瀟灑的走出房門。

不只是給孩子規律，更是尊重孩子

丹瑪醫師給我的觀念不只是規律的生活作息及一致的教養，她還給了我一個養育孩子的大方向：尊重孩子。我們給予孩子前後一致的教養原則，剩下的都讓孩子自己決定。孩子很自然，餓了就會想吃飯，渴了就會想喝水，身體的各項發育都有自己的時間表，別去強迫、強求。

媽媽決定煮什麼給孩子吃，孩子有權力決定吃、不吃、吃多少，不使用連哄帶騙、交換條件的餵飯；不在孩子面前談論什麼好吃、什麼不好吃，或是孩子喜歡吃什麼、不喜歡吃什麼。

吃飯和睡覺是人類生存的本能，這兩件事應該都是種享受，如果用哄騙逼著孩子吃下一口，那麼「吃飯」也許就和「勉強」連結在一起了。這餐食欲不好，那就收餐吧！讓孩子多一些活動力，餐與餐間不給零食，孩子餓了自然會吃飯。

雖然有時遇到這種狀況時，我還是會忍不住內心的沮喪感，畢竟我不想浪費這麼用心做的食物啊！好在我們家有一隻可愛又不挑嘴的狗兒，每天若有剩下的食物泥，都會進牠的肚子。

> 就算出門在外地旅遊也一樣，放上床他們立刻進入「備睡狀態」，然後，我就可以瀟灑的走出房門。

即便孩子早產，我也沒有煩惱過何時該給副食品

雖然雙寶是早產兒，但我並沒有幫他們算過早產兒矯正年齡，一直以來都是以觀察身體發育給予適合的東西。兩個多月時他們就開始流口水了，寶典裡說這代表口水裡有可將澱粉轉化為醣的唾液澱粉酵素，所以三個月時我就開始準備食物泥。

當然一開始並不順利，我和雙寶整整練習了七個禮拜，他們才順利的吞進第一口食物泥，學會吞嚥之後進度飛快，六個月時就自然的以吃食物泥為主，作息改為一天三餐，夜晚連睡近十二小時。五個月學會翻身，六個多月長出第一顆牙，七個多月會爬

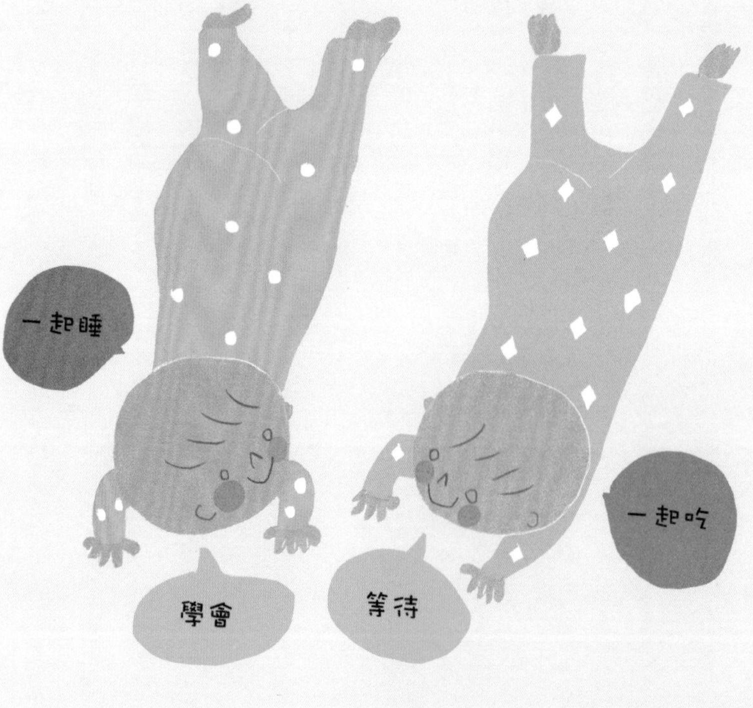

行，八個月會叫「爸爸」和「媽媽」，九個月會自己扶著東西站起，但他們到十一個月才學會坐，所以一歲前都是用半斜躺的餐椅吃食物泥。

生理的發展速度和一般嬰幼兒成長平均值也許有差距，但我們並不會去操心孩子身體自然的時間表，只要給予足夠的空間及練習機會，尊重孩子的發展還是最大的原則。

兩個孩子住同一間房，作息不會干擾對方嗎？

在教養的過程中，我也一直謹記著寶典裡的一句話：「不管你做什麼（或沒做什麼），都是在訓練孩子。」我們家只有一間小孩房，因此雙寶從回家開始一直是同房訓練的，很多人常問雙胞胎媽媽一個問題：「他們會不會互相干擾？你哭我也哭？」我的答案是：「不會。」

適應對方應該是兩個孩子的家庭天生就該學習的功課！餵奶、餵飯、抱抱，甚至玩具也都是需要學會等待、分享的。所以我的兩個孩子非常習慣對方的哭聲，從來不曾因為對方的哭聲嚇醒過，總是各睡各的，頂多皺個眉頭繼續睡。

雙寶從六個月開始一天三餐的作息，我也開始訓練他們用餐要互相等待，B寶要坐在旁邊等A寶吃完食物泥，而A寶也要在旁等待B寶吃完才能一起去玩耍。

看著他們雖然才幾個月大，但就學會等待、尊重對方，我心裡充滿了很多感動與感謝；寶寶就像張純淨的白紙，只要大人給予合理的規則及一致的態度，他們總是會很努力的學習來回饋父母。

雖然雙寶是早產兒，但我並沒有幫他們算過早產兒矯正年齡，一直以來都是以觀察身體發育給予適合的東西。

百歲醫師育兒法帶給我生活上最大的改變，是讓我快樂的「踏進廚房」。從小學一年級到研究所畢業，我一直是讀音樂表演方面的專班科系，在校時大部分都關在琴房裡，有雙寶之前的我可說是完全的「廚房白癡」。要開始為雙寶準備食物泥時，我小心翼翼的打開新買來的大同電鍋，不斷的研讀使用說明書，還不好意思問身邊的長輩或朋友，自己上網查怎麼洗菜、什麼是「外鍋」「內鍋」，戰戰兢兢的按照書裡的步驟製作食物泥。

一開始，我常常搞砸，之後一天比一天熟練，現在我已經能快速的餐餐現做雙寶的食物泥了：原來沒有這麼難！做食物泥給了我很多自信，現在有時也會用萬能的電鍋蒸魚或煮湯給老公品嚐，看著親愛的老公及孩子吃下我親自做的營養食物，有種說不出美妙與幸福的感覺！

真的很感謝奐均和惠珺讓我們認識百歲醫師，造福了台灣好多家庭，每天把孩子送上床後就擁有好多和自己及老公的相處時間，我和老公的生活也規律了起來，家庭氣氛總是輕鬆愉快。也很感激親愛的老公，一開始請了四個月的育嬰假，家事、雜事、採買都由他包辦，並且也非常積極參與育兒大小事，讓我和雙寶又快又順利的步上軌道。

我也擁有一群志同道合的媽媽朋友們，大家都很有熱忱討論、研究百歲育兒方法，並熱心的幫助剛加入的新手媽媽。有時會辦個地區聚會，每位媽媽都充滿了自信和亮麗，每位爸爸對待孩子也展現出「一致」的理念，甚至都能單獨處理孩子的事，讓媽媽們放心盡情的聊天；大家的孩子各有特色，但大多情緒穩定、冷靜且活潑愛笑。

我真心期盼能讓更多的朋友認識百歲醫師育兒法，給自己和孩子一個機會，就如同丹瑪醫師的書名說的：「Every Child Should Have a Chance」！

我的經驗談

你最常被身邊朋友或網友問的百歲醫師育兒問題是什麼？你怎麼回答？

Q：寶寶怎麼吃這麼多、晚上如何睡久一點？為何你的寶寶不用哄吃，也不用哄睡？

A：「我只是傻傻的照書養，寶寶也很乖的照著書長大！」想進一步了解細問的朋友，我都會直接借他或送他百歲系列書籍。

當我讓雙寶步上百歲育兒法軌道後，發現這個育兒法實在太神奇了，怎麼能如此輕鬆的就讓寶寶吃好睡好每天笑嘻嘻呢？我開始熱衷的向朋友及網友推薦，寫部落格分享，但後來發現百歲育兒法的作息、飲食、教養都是環環相扣的，牽一髮即動全身。每當我分享了一部分，便開始擔心：萬一有媽媽沒有照著書鋪床就給寶寶趴睡怎麼辦？會不會有媽媽沒有做到適當比例的食物泥，卻堅持作息讓寶寶受苦？如果有媽媽誤會了百歲育兒法，開始忽略寶寶的每一種哭聲且造成危險怎麼辦？

我不希望有新手媽媽被我的某些分享誤導，在一知半解的情況下實行百歲育兒法，所以後來選擇不隨便談論實施細節，以避免直接或間接用了我敘述的方式造成傷害。

除了直接推薦書籍的方式外，我也和幾位百歲育兒法的媽友們創立了臉書社團「Dr. Demark百歲育兒討論區」，以方便和各地的新手媽媽們互動交流。只要讀過任何一本百歲育兒書籍，對百歲育兒法有初步的認識與了解，都能加入社團和我們一同認識丹瑪醫生的理念哲學！

你的寶寶在新生兒時期的作息是？請分享不同月齡，或是有劇烈改變的時間點為何？

根據我長期觀察與試驗的結果，基本上我建議盡量照著百歲系列書籍裡的參考作息，照著書走最不容易出錯，也最容易找出問題。雙寶七、八個月大時是實行三餐作息，因為連著幾天莫名的提早醒，雖然提早醒也會自己在床上玩耍，但幾天下來我自己於心不忍，幫他們更改作息，延長清醒時間、縮短小睡時間，之後是改善了，但好日子沒有太多，他們睡眠時數開始越來越短，醒來也不一定笑嘻嘻了，因為一直微調作息，所以我也搞不清楚問題出在哪。

直到他們九個月大，我決定讓他們回到書上作息，打算藉由原作息重新找出需要修改的地方，沒想到幾天後居然通通都睡滿十二小時，又再度回到起床笑嘻嘻的百歲寶寶了！

寶寶的睡眠時數和食量一樣，一陣子這樣一陣子那樣，一如大人，就算作息再規律也不可能像機器一樣準時。只要作息主導權在照顧者身上，寶寶就會有安全感。不斷順著寶寶微調作息，反而只會造成寶寶的生理時鐘更混亂。

丹瑪醫生建議別吃奶嘴，但你的寶寶吃奶嘴嗎？哭鬧時如何克服？已吃者如何戒除？

我的雙胞胎一出生就住病嬰室保溫箱，當時護理師是有給奶嘴的，轉月子中心時也有吃奶嘴，因為當時仰睡並包包巾，回家後我照著書把床鋪好，開始給寶寶練習趴睡，除了睡得更安穩之外，寶寶也自然地找到自己的手指吸吮，從此就不再需要奶嘴了，平時的哭鬧也會自己找手指安撫自己，寶寶自己能控制且運用自如。

你如何處理和婆婆、媽媽或主要照顧者關於百歲醫師育兒法的溝通呢？

對於應對長輩這塊我算是幸運的，我的媽媽就是推薦我看百歲系列書籍的大恩人！我建議，**一開始把寶寶們帶回家訓練時，先盡量別讓他人來訪太久！**像我們家就是老公努力勸說長輩及朋友們先別急著來探望，等作息調整好、我們也有體力時，再開放「參觀」。

除此之外，**我也常用能與長輩分享的空間（部落格和臉書）主動分享雙寶現在的作息、食物泥的食材內容、我們用這套模式獲得的好處（例如每天安穩睡飽規律的生活）**，我的爸媽和公婆也漸漸看到雙寶的乖巧與穩定，自然接受了百歲育兒法，甚至還會大力推薦給親友呢！

遇到寶寶學翻身、常常把睡著的自己吵醒的陣痛期時，你怎麼處理寶寶被自己驚醒的問題呢？

我家雙寶的翻身期非常不一樣，一個只哭了兩次，當晚就自己正躺著睡到天亮了；另一個則是適應了近一個月，每天晚上固定兩三個時段（剛放上床時、午夜十二點時、凌晨五六點時）會被自己翻身驚醒。白天小睡翻身我會讓他哭一下，再用無影人之手（蹲低進房，沒有讓寶寶看到媽媽的臉）去幫忙他翻回趴睡，半夜被吵醒時我通常會馬上去幫助他。

因為沒有讓寶寶看到媽媽，寶寶通常只覺得莫名其妙的被幫忙了，也就不容易形成依賴或不好的習慣，直到寶寶能翻身自如且適應仰睡時，就又能安穩整夜好眠了。

寶寶開始嘗試食物泥，你怎麼掌握餵食關鍵？

當寶寶學會吞嚥，食物泥越吃越多時，奶自然會喝得少，我會給寶寶自己決定奶量。**餵母乳的媽媽，先餵奶再餵食物泥，等到想幫寶寶斷奶時再更改順序；餵配方奶的媽媽，先餵食物泥再餵奶，讓寶寶自然斷奶。**

只要餐距正確、食物泥夠好吃、餵食氣氛融洽，就不用擔心寶寶只喝奶不吃食物泥，寶寶的生理機制會根據妳給的作息及飲食內容，自動調整成適合他的食量。千萬別因為寶寶食物泥吃不好，只愛喝奶，就用直接斷奶的方式，這樣可能會造成寶寶進食壓力，且也非百歲育兒的原意。

照顧寶寶需要彈性原則，可以分享你覺得彈性處理得很好的部分是什麼嗎？

我認為我不太會處理彈性，尤其在雙胞胎還小的時候，有時候給予作息或飲食上的彈性，若其中一個嬰兒不按牌理出牌時會更加令我手忙腳亂。

當然，等寶寶月齡大一點時就能有比較多的彈性，例如出遠門旅遊時，就不去計較小睡時間，寶寶累的時候可以在汽車座椅、推車、或是揹巾隨意打盹，**只要大略穩住用餐時間，晚上長睡上床時間也盡量不要相差太多**，通常都能玩得盡興，旅遊結束後也幾乎能立即回到原有的作息。

你覺得百歲醫師育兒法最棒的部分是什麼？最適合怎樣的爸媽？

我覺得百歲醫師育兒法非常適合希望孩子長得好、活力充沛，又希望能繼續保有一部分自由空間與時間的父母！百歲醫師育兒法最棒的部分就是給了我們一家人規律、健康又輕鬆快樂的生活，我們夫妻有非常足夠的時間休息，做自己想做的事，我也能出門走走逛逛放鬆心情，從來沒想過自己帶雙胞胎還能每天擁有如此愜意的時間！

你想補充的問題。

我最常看到新手媽媽求救的幾個問題：我的寶寶為什麼厭泥？為什麼一直便秘？寶寶的睡眠時數總是比書上的作息表短少很多？

我自己也曾深陷這些問題裡，因為一些偏見，我一開始並沒有照著丹瑪醫生的比例去做食物泥，沒多久寶寶開始不喜歡我做的食物泥，**於是我在食物泥裡增加一些顆粒口感，但新鮮感很快就退去了**，寶寶開始想要更多的口感，無形間食物主控權給了寶寶；體重成長也非常緩慢，還有便秘問題的困擾，**在食物泥添加鹽分或油脂也無法有很大的改善，且早已與百歲醫生的原意悖離了**。

後來把百歲系列書籍拿起來重看，並有幸買到丹瑪醫生的原文書來讀，**我重新照著比例給真正百歲醫生的食物泥，沒想到問題全解決了**，寶寶從此不再厭泥，每餐吃得快又多，便秘的問題也解決了，更令我驚訝的是生長曲線的成長，**吃百歲醫生食物泥後身高體重都從原本的百分之三增長到百分之五十！**照著比例給食物泥，不但較能吸收全然的營養，作息上也相輔相成，寶寶清醒時間的精神很好，活動力十足，睡眠時數更長也更安穩，本來以為很複雜的各種問題原來就出自食物泥而已！

我的感想是，丹瑪醫生行醫這麼久，她的病人橫跨了好幾代，數以萬計的寶寶為我們做見證，我們可以先別預設立場地覺得自己的寶寶是例外，用最簡單照書養的方式，再客觀的看待寶寶的生長狀況評估需不需要調整。

給初入百歲醫師育兒法的爸爸媽媽的一句話！

照書養，好輕鬆！

餵母乳的媽媽，先餵奶再餵食物泥，等到想幫寶寶斷奶時再更改順序；餵配方奶的媽媽，先餵食物泥再餵奶，讓寶寶自然斷奶。

Every Child Should Have a Chance

百歲爸媽經驗分享 3

「狠心讓寶寶哭」絕對是誤解！

- 林貝絲
- 台北市／一個孩子
- 職業：文字工作者
- 我的個性：重效率、條理，喜歡事前做好規畫，讓生活、工作都事半功倍。

早在生產前，不少親友向我和老公分享經驗：「小孩出生第一年，晚上一定會哭鬧、討奶，夫妻沒辦法一覺到天亮！」但我家的事實卻是：寶寶二個月大開始睡過夜，現在一歲六個月大，每晚持續擁有十一到十二小時不間斷的睡眠。我們是怎麼辦到的呢？要歸功《百歲醫師教我的育兒寶典》書中的育兒方式。

新生兒的心，很難捉摸

《百歲醫師教我的育兒寶典》書中提到「自行入睡」及「規律作息」的重要性，是非常實用的。我女兒七週大以前，非常愛哭，幾乎都要搖睡、哄睡、奶睡，但好不容易睡著了，一放上床竟又立刻哭醒，搞得我跟著哭，老公也沒法睡，全家睡眠嚴重不足，夫妻經常口角。我完全不懂，為何寶寶幾乎每小時都在哭？是喝不飽嗎？我的母奶量不夠嗎？是想睡覺嗎？要抱抱嗎……內心充滿諸多疑問的我，面對寶寶的哭聲，只能束手無策。

直到第八週開始，我想起懷孕時，朋友推薦的《百歲醫師教我的育兒寶典》育兒法，立刻翻書再次詳讀，真是太棒了！隔天開始我便開始為寶寶制定四小時一循環的作息，依照「吃—玩—睡」的方式，寶寶餵完奶後讓她清醒玩一陣子，等到寶寶開始轉頭、呈現睡意時，就把她放到床上，讓她自己哭一陣子，練習自行入睡。前三天，寶寶哭聲非常洪亮，完全不見好轉。就在我幾乎快放棄的時候，第四天開始，寶寶竟然只哭一下下，就自己睡著了……我出運了！從此之後，我就一直過著「好日子」至今。

有人批評《百歲醫師教我的育兒寶典》的方法太殘忍，不應該放任寶寶在睡前哭泣，但我覺得「狠心讓寶寶哭」實在是誤解。

當寶寶想睡覺時，多數都會以哭聲來表達，想要阻斷外界的干擾。這時候抱睡、搖睡，寶寶一樣會哭！倒不如讓她練習自行入睡，一開始也許會哭比較久，但當習慣養成之後，寶寶可以很快地睡著！和《百歲醫師教我的育兒寶典》書中描述的一樣，我女兒一到就寢時間，只要將她放上床，立刻就會閉上眼睛，很少會哭。等到我把燈關掉、房門帶上後，寶寶幾乎已經睡著了！

自行入睡的好處：寶寶能睡得足夠

讓寶寶學會自行入睡還有一大好處，就是能夠擁有足夠的睡眠時數！寶寶睡到一半有時會哭了起來，我上網查了資料，嬰兒的一段睡眠週期約四十五分鐘，類似哭聲的嗚咽聲，通常是淺眠期要進入深眠期的過渡階段。如果每次嗚咽，大人都要介入安撫，或是誤會哭聲意義而抱起來餵奶，等於是打斷嬰兒睡眠，當睡完一個週期，因為無法自己進入深眠，只好再哭、再靠大人哄抱，而成為惡性循環。

百歲育兒法的原則是，當寶寶哭時，不要第一時間就去抱，應該先讓自己冷靜一下，判斷這個哭聲是睡覺中途的「憨眠」聲，還是寶寶真的肚子餓、需要喝奶，或者是身體不舒服。不打斷寶寶的睡眠，才可以讓她長得好。

親餵也能睡過夜喔！關鍵在自行入睡

之前我為了讓寶寶戒夜奶，聽過網友的建議：睡前喝配方奶，或是用瓶餵，讓寶寶喝多一點、才有體力睡過夜，都沒用。直到實施《百歲醫師教我的育兒寶典》，女兒兩個月大就戒掉夜奶、一覺到天亮，而且是母奶親餵哦！別再謠傳親餵沒辦法睡過夜了，關鍵在於「自行入睡」啊！

有些人認為不需要刻意訓練，有一天寶寶自然可以戒掉夜奶睡過夜。但我覺得如果每次半夜哭就餵，寶寶會養成時間到就要醒來的習慣。就像大人一樣，為何有人會吃宵夜？有人就不吃？都是習慣養成與否啊！

學會自己睡覺，每個寶寶都是天使寶寶

前陣子我參加一個母嬰講座，現場約有四十多對媽媽與寶寶，不少親餵母乳的媽媽感慨寶寶每晚要夜奶、精神不濟，兩歲大還在喝夜奶的也大有人在。

當我分享女兒二個月開始每晚長睡十一小時，現場一片嘩然，講座主講人是一位兒科醫

因為百歲醫師育兒法，寶寶養成了具有信任感的個性，連上街看到陌生人也不怕生。

師，她說我「抽到好籤」。過了一會兒，到了寶寶平常在家小睡的時間，女兒在我懷裡開始轉頭，小咳幾聲後，我不急不徐的拿出墊子鋪在地板上，她立刻趴下，頭轉了幾下、手吸幾口就睡著，完全不顧周邊有好幾位寶寶啼哭的干擾。

兒科醫師看到後，頗驚訝問：「她就這樣睡著了？」其他媽媽則很驚奇問我，為何寶寶不用哄睡？我回答：「學會自己睡覺，每個寶寶都可以是好籤！」

《百歲醫師教我的育兒寶典》書上另一個重要的觀念「規律作息」，對我家來說更是影響深遠。丹瑪醫師依照其行醫多年的專業，建議寶寶月齡較小時，以

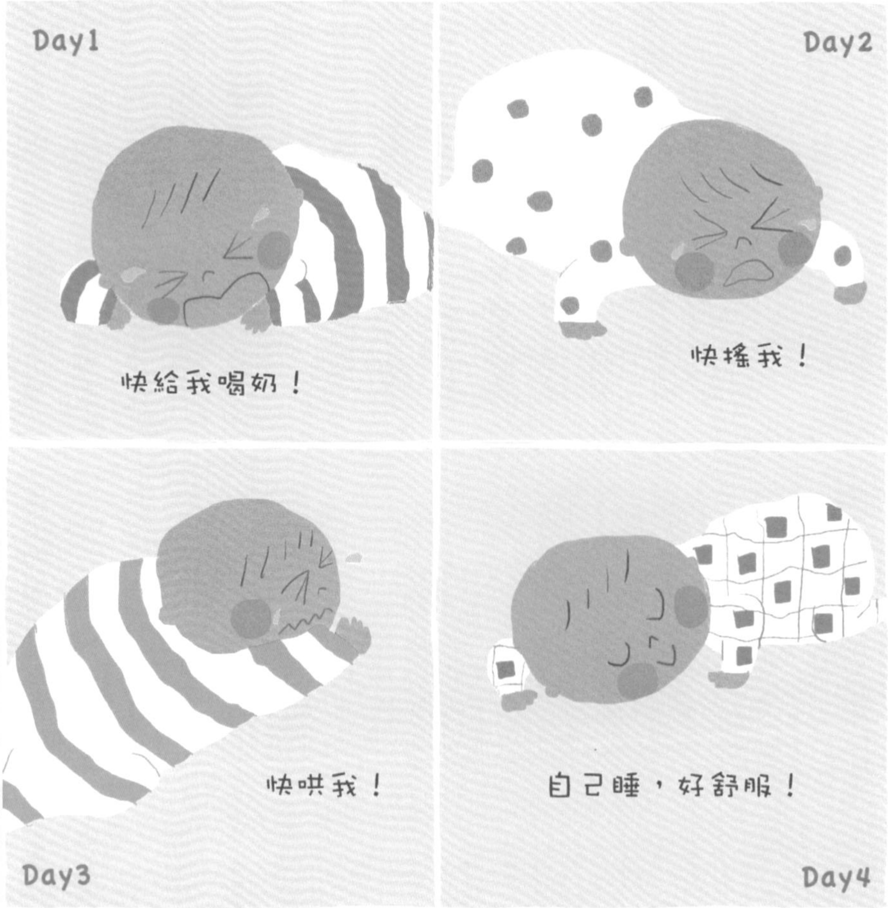

Day1
快給我喝奶！
Day2
快搖我！
Day3
快哄我！
Day4
自己睡，好舒服！

四小時為一循環，喝奶↓玩↓睡。並且逐漸戒掉夜奶，成為白天四餐。等月齡大一點，可以延長用餐時間，和大人一樣一天吃三餐，而晚上保有十一到十二小時長時間的睡眠。

我家從寶寶八週開始執行規律的作息，到現在一歲六個月大，時間到了就會小聲唉叫，提醒父母該餵食、或是該把她抱上床睡覺。

暫時出門時，總是能放心交給他人照顧

人啊！是會被制約的動物，不管大人或嬰兒，只要作息規律下來，時間到了就想睡、想吃，身體裡藏了一個時鐘啊！我們可以很清楚知道，家裡每個人幾點起床、幾點吃飯，幾點要睡覺。有時候要出門辦事情，請親友來家裡幫忙顧小孩，我只要簡單交待一下，寶寶幾點睡覺、吃飯，並留下預備的奶和食物泥，就可以安心出門了。

另外，有朋友向我抱怨寶寶的「分離焦慮症」很嚴重，連短暫離開上廁所一下下，寶寶都會哭到呼天搶地。但我家女兒卻是每次吃飽飯，可以自己專注地獨處玩好一陣子，我甚至可以外出辦事，將寶寶託給老公或其他親人照顧好幾個小時。

因為百歲醫師育兒法，寶寶養成了具有信任感的個性，連上街看到陌生人，也會一直對對方笑。每次出遊的照片，女兒幾乎都是笑咪咪呢！寶寶有規律的作息，更幫助建立親子間的信任感！隨著寶寶月齡越來越大，這幾個月來，我感覺很明顯的，寶寶更有精神、常常笑，個性也很穩定、獨立、專注。因為她知道

寶寶因為睡得飽、早睡早起、作息正常，每天都笑嘻嘻，連每天的排便時間都非常固定！

掌控權在爸媽（或是主要照顧者）身上，她可以放心跟著父母的節奏，吃飯時間到就有食物，睡覺時間到就可以安然睡去，以至於白天清醒玩耍時，可以很有精神學習。

我們家從來不會出現寶寶起床大哭大鬧、大哭吵著喝奶／吃飯、大哭不願意睡覺的情形。相反的，每天早上寶寶自己睡醒後，會開心的在嬰兒床上玩耍，等媽媽進房餵奶；想睡時也只需要小聲地唉叫一、兩聲，媽媽就會將寶寶放上嬰兒床，讓寶寶不再受外界干擾，可以獲得安靜的休息。有幾次我忘記定鬧鐘，早上被寶寶討著吃飯的哭聲吵醒，才驚覺：「啊！睡過頭了！」但寶寶不是大哭，她依舊保持「秀氣」的哭聲，只是小聲唉叫了幾聲，提醒我快餵食。

有朋友曾經問我：「百歲育兒法的寶寶是不是都不需要父母陪，要訓練她獨立？」以為我們都是「殘忍地放著讓孩子哭」，這真是大誤解啊！我認為百歲的精髓是：「在父母有系統的引導下，孩子可以有自主成長的空間。」實施百歲醫師育兒法的爸媽，並不是自私的想要輕鬆一點養孩子，當寶寶醒著時，我和老公也是盡可能的抱著、陪玩，與寶寶互動，但當寶寶想睡覺時，就不會再抱了哦！

有些人會說，嬰兒從母體生出來會沒有安全感，應該要隨時抱著，而且寶寶那麼小，訓練她太殘忍了，大一點再訓練她規律作息也不遲。但是，要到幾時才叫做「寶寶大一點」呢？寶寶月齡雖小，但已經有意識了，就應該要趁早將作息調整好，生理時鐘上軌道，對身心的消化系統、免疫功能、學習力……都有正面的幫助。根據調查，台灣孩童的睡眠時數，是全世界最短的，我相信百歲醫師育兒法，可以幫助寶寶擁有良好、規律的睡眠時間。擁有足夠的睡眠、固定的用餐時間，我們夫妻倆的身體變得更健康，精神飽滿，做事更有效率。

身為全職主婦的我，在照顧寶寶、打點家務之餘，還有體力及精神，前陣子更開始嘗試副業，發展自己的專長。生小孩之前，我們原本已經有過著昏天暗地生活的心理準備，沒想到竟可以過這麼棒的人生！

每天早上看著女兒準時醒來，抱起床會笑得好滿足，覺得她比昨天又長大了些，真的是「一暝大一寸」！我很高興選擇了百歲醫師育兒法，全家因著規律作息而身體健康，寶寶很少大哭大鬧，家庭氣氛非常快樂！感謝百歲！

你最常被身邊朋友或網友問的百歲醫師育兒問題是什麼？你怎麼回答？

Q：你們怎麼捨得讓寶寶哭這麼久？

A：一開始執行百歲醫師育兒法時，會有磨合期，寶寶不適應，當然會以哭反應。等寶寶作息規律了，每天都嘛笑呵呵喲～

你的寶寶在新生兒時期的作息是？請分享不同月齡，或是有劇烈改變的時間點為何？

【新生兒時期】

一出生時，作息大亂，搞不清楚她在哭什麼，一直忙著餵奶，寶寶和家人都快瘋掉。

【0～3個月】

快二個月時，開始以百歲的方式來調整寶寶作息，第一天哭比較久，到了第五天寶寶漸入佳境，開始四小時喝奶一次，到了寶寶2M19D就睡過夜，每晚長睡十一小時不需起床喝奶。喝奶時間：7:00、11:00、15:00、19:00，晚上睡覺時間：20:00~07:00

【4～6個月】

寶寶作息越來越正常，生理時鐘比鬧鐘還準時，固定四小時吃、玩、睡，晚上繼續長睡十一小時。五．五個月開始吃副食品，食量很大。

【6個月以上】

七個月十二天大時，開始和大人一樣，改為吃三餐，晚上睡覺時間更長，十一．五小時！

丹瑪醫生建議別吃奶嘴，但你的寶寶吃奶嘴嗎？哭鬧時如何克服？已吃者如何戒除？

我的寶寶不吃奶嘴，她不懂怎麼吃，拿在手上玩。哭鬧時會自己吸拇指安撫自己，或是把她放在嬰兒床上讓她冷靜一下，過幾分鐘後等哭聲變小，再進房抱起來安撫。

你如何處理和婆婆、媽媽或主要照顧者關於百歲醫師育兒法的溝通呢？

沒有和婆婆、媽媽同住，可以省去很多溝通的麻煩。婆婆每次來家裡，看到寶寶放上床就睡覺、完全不哭，覺得非常神奇，總是問我：「真的不用抱著睡嗎？」

遇到寶寶學翻身、常常把睡著的自己吵醒的陣痛期時，你怎麼處理寶寶被自己驚醒的問題呢？

寶寶四個多月到五個多月學翻身時，大概有一個月的陣痛期，每晚自己趴睡轉成正面，卻無法再翻回趴狀，每夜大哭驚醒N次。我和老公的處理方式是：摸黑進房間，趕快把寶寶翻回趴狀，立刻出房間。原則是：「不開燈」「不要講話」「眼神不與寶寶對望」。如果寶寶哭太大聲，會蹲低拍拍她背部，等她哭聲變小，一樣趕快出房間。

寶寶開始嘗試食物泥，你怎麼掌握餵食關鍵？

一開始先餵奶（親餵）再餵食物泥，後來越來越不愛喝，便改為先餵泥再餵奶。有時候寶寶會吃不多，若沒吃飽，她下一餐會吃很多。

照顧寶寶需要彈性原則，可以分享你覺得彈性處理得很好的部分是什麼嗎？

永遠可以預測下一刻會發生什麼事，知道寶寶哭是為了什麼：接近吃飯時間哭便是肚子提前餓、接近小睡時間哭便是提前累了。如果有事需要外出、請親友代為照顧時，只要交代大致的作息時間，親友照顧起來也說很輕鬆。

你覺得百歲醫師育兒法最棒的部分是什麼？最適合怎樣的爸媽？

原本只是想讓寶寶規律作息，沒想到有更多收穫。開始百歲育兒法之後，發現寶寶跟著大自然「日出而作、日落而息」，原本晚睡晚起的我和老公，也跟著改變自己的作息，全家一起早睡早起。

寶寶因為睡得飽、早睡早起、作息正常，每天都笑嘻嘻，玩耍時間能開心的探索世界。吃飯的胃口也很好，連每天的排便時間都非常固定！我和老公也很少生病。

你想補充的問題。

我想補充一下百歲醫師育兒法的小狀況，因為哄睡、抱睡對我的寶寶沒用，所以帶寶寶出門時，小睡時間到，寶寶會大哭，怎麼抱、搖都無法像在家裡一樣放上床就自行入睡。寶寶月齡大一點，這個情況才會改善。

而且百歲育兒法的寶寶因為習慣在床上睡覺、晚上要睡十一到十二小時之久，因此我跟先生必須跟著犧牲一下，即便出門過夜，也很難有逛夜市等夜生活。

給初入百歲醫師育兒法的爸爸媽媽的一句話！

夫妻對寶寶的百歲育兒方式，記得要「一致」！但也別太緊張、一天到晚盯著時鐘作息，偶爾「凸槌」一下沒關係，畢竟，我們養的不是機器人，是小孩喔！

百歲爸媽經驗分享 4

百歲醫師育兒法，讓我們在黑暗中找到出路

- 凡媽
- 彰化／收養兩個孩子，3 歲和 2 歲
- 職業：全職媽媽
- 我的個性：擁有一半原住民及閩南人血統的我，看似文靜不多話，其實內心熱血又充滿好奇心。喜歡幫助人，更喜歡和人分享生活及聆聽他人的寶貴意見。熱愛當一個母親和妻子的角色 。這是我一生的使命和天職。

外子和我婚後一直渴望擁有孩子，我們一直計畫在身體健康下擁有五、六個孩子。但計畫總是跟不上變化，婚後兩年遲遲未有消息，為了擁有孩子，我們展開一連串的檢查和治療、忍受無數的疼痛還是一無所獲。就在絕望之際，我們踏上收養之路，這條路帶給我們夫妻許多的希望和快樂。

一個毫無經驗的媽媽，如何自己帶兩個孩子？

很快的，二○一一年五月，我們如願的收養第一個寶寶。孩子九個多月後，我們幸運的收養第二個寶寶。經常有人會問：「我們為何能在那麼短的時間內收養兩個寶寶？一個全職媽媽在沒有家人及朋友的協助下，怎麼養育兩個孩子、又可以有大量的時間寫部落格、製作寶寶玩具、還把家中打理得井然有序？」每每被問起時，我心中總是會感謝丹瑪醫師的育兒法。這套育兒法是友人介紹一本書後，我們才真正展開幸福的教養之路。

原本我們就像大多數的父母一樣，寶寶一到家中我們興奮無比，總是希望給予最完全的愛和呵護，但總是事與願違。

記得我們第一次看到我們的寶寶時，內心交雜著許多情緒。我們眼眶泛淚、不敢相信這就是我們人生中的第一個孩子。當我們抱起他時，他熟睡的臉龐讓我們好想親親他、抱抱他。我們是那麼的愛他，已經超越自己所能想像。

不過這樣幸福感動的時刻，卻像是洗三溫暖。

那天，社工交給我們孩子後，我們滿心歡喜、打定主意將會過

我總是聽到很多育兒的建議，卻沒有自己下定決心，也沒想過寶寶真正需要什麼。

著三人幸福的小家庭。不過，第一天外子需要再回去加班並留下我一人獨自與剛出生三天的小寶寶在家。外子出門前，不忘擔心的問我：「你一個人可以嗎？如果不行，記得打給我，我馬上回來！」

我迫不及待展開我真正成為母親的時光，我輕輕的走到寶寶嬰兒床一探究竟，看著他熟睡的樣子，心裡覺得我是全天下最幸福的媽媽。一直以為寶寶就是會這樣乖乖的睡覺，從沒想過寶寶的接下來狀況是怎麼一回事。

當我滿足離開他的嬰兒床時，我小聲哼著曲子要進去洗手間，頓時忽然聽到哭聲。一開始我以為自己聽錯，沒有多加理會。但

過了不到兩秒，哭聲變大聲。我從洗手間三步併兩步的衝到嬰兒床旁邊。

我小心翼翼的抱起他，並把他靠在我的胸懷裡，他卻越發掙扎。我邊拍、邊哄，只是想要讓他停止哭泣，卻不如預期中的順利。他的哭聲越來越大，我也跟著越來越慌。

老是調整不好寶寶作息，成了夫妻口角的原因

就這樣一天、兩天過去了，我好疲倦，開始熊貓眼、開始產生負面情緒，連家事都無法做：家裡亂七八糟的。以前總是會興高采烈的在門口歡迎老公回家，有了孩子後，即便到傍晚，家裡總是暗暗的沒有開燈，老公一回家卻在主臥房看到我披頭散髮抱著寶寶半斜躺著睡覺。每天晚上總會因為寶寶的關係而產生小口角，原本幸福的婚姻，卻開始產生危機。

百歲育兒法執行初期時長輩來看孩子，我們通常選在寶寶醒時請他們來。一來不會干擾訓練，二來又能看到寶寶睡醒的笑容！

某天，外子決定找我商量並告訴我：「如果帶孩子那麼辛苦，那麼是不是考慮不收養了……或許只有我們的生活，會帶給你多點快樂！」但我堅決的說：「孩子既然來到我們家中，我們就有責任照養他。我們會找到出路的！」雖然說得肯定，但我內心卻惶恐不已。因為我根本沒信心能夠掌握寶寶，甚至無法兼顧到外子的心情。我發現，原本無話不談的兩個人，漸漸陌生起來。

就在絕望和傷心的同時，朋友告訴我一個特別的育兒法：百歲醫師育兒法。她要我先買書來看，不懂之處再詢問她。於是我購買三本有關百歲育兒的書，其中一本許惠珺女士所寫有關百歲

育兒實用篇，讓我比較好奇。因為同樣是收養孩子的她，怎麼有辦法和老公照養四個孩子。我開始研讀她的每一篇文章，內心感動不已。

外子也和我一起閱讀，當我們在閱讀此書的時候，好羨慕他們家庭的孩子可以一覺到天亮、並且有穩定的作息。我和外子達成共識，不管如何都要使用這套方式，讓我們家庭再度恢復以往的甜蜜時光。

當我們開始照書執行所有的步驟時，身邊的親友非常反對，但是好友會告訴我：「今天你要選擇了你所想要的生活，也已經執行一半，眼看就快要成功，難道你要讓孩子和你們的努力白白浪費嗎？我的孩子是使用百歲育兒的，她現在已經兩歲多了，作息一直都很穩定！」

在此同時，我也翻到一段丹瑪醫師的話：「作媽媽的最了解孩子的需要。媽媽需要憑著自己的良心和判斷力，盡最大的能力決定怎麼照顧孩子，為孩子最大的益處著想。」

讀到這段話，我的眼淚潰堤了！因為我總是聽到很多育兒的建議，卻沒有自己下定決心，也沒想過寶寶真正需要什麼。我們開始照著每個步驟闖關。沒想到，驚喜出現了，我的寶寶在滿月前開始睡過夜，不再夜奶了！我和外子開始有晚上談心和約會的時間。

晚上，就是我們夫妻倆的獨處時光

我們開始找回以前夫妻甜蜜的時光，我也開始大量記錄孩子和我們夫妻的幸福日記。孩子的穩定作息讓我不僅在早上或是下午的時間中，都享有進修閱讀的機會。我也開始拿起毛線編織孩子的玩偶、衣服和、玩具。到了晚上孩子六點半就寢後，我和外子則是窩在自己的房間聊天或是享受我們的電影時光。

寶寶睡得好、吃得好，情緒自然穩定。每天早晨，總是可以聽到他在床上自言自語的歡樂聲。我和外子總是興奮的站在離他不遠處的嬰兒床，聽著他的可愛嬰兒笑聲和說話聲。當他說完後，我們會輕輕的走到他的床邊，溫柔的和他互道早安。外子會抱起寶寶，親親他的手和親親他的身體，寶寶總是咯咯笑個不停。

更特別的是，因為大家口耳相傳我們家庭很幸福。很快的，我們在老大九個多月大時，輾轉透過友人的引介而再度收養第二個孩子。剛出生三星期的小寶，有著一段坎坷的人生，不過……對我來說，他卻是天使寶寶。一來到我們家第一天已完全適應百歲的方式。一週後睡過夜，並且穩定作息。

我們是非常平凡的小家庭，卻能擁有無價的幸福，這些美好真的要非常感謝丹瑪醫師的育兒法。我們還要持續收養，持續把這套美好幸福的育兒法運用在我們歡樂的小家庭中！

你最常被身邊朋友或網友問的百歲醫師育兒問題是什麼？你怎麼回答？

Q：怎麼讓寶寶睡過夜？

A：先把作息列清楚，之後每一餐都準時餵。如果喝不完睡著了！也一定要繼續讓寶寶喝完奶才行，等到寶寶每一餐都準時喝完，那麼在某一天會準備開始睡過夜的，通常只要遵照書上的作法，滿月前就會睡過夜。

Q：你怎敢讓寶寶趴睡？

A：遵照書上的鋪床法，不要放置任何枕頭，棉被或是其他東西，浴巾照著書上那樣的厚度就可以。」況且我有做過實驗，直接正面對正面蓋住口鼻是否有感到通風不會感到窒息。所以一定要照書上的來做。

你的寶寶在新生兒時期的作息是？請分享不同月齡，或是有劇烈改變的時間點為何？

【0～3個月】

由於是收養的關係，我們一開始就是配方奶，走的時間是：

剛出生：6~10~2~6~10~2

滿月後：6~10~2~6~10

3個月：6~10~2~6

依我的個人經驗，劇烈的改變時間點就是在三個月，忽然寶寶開始睡晚上十二小時，非常長。五個多月就斷奶，所以一直都是三餐。

丹瑪醫生建議別吃奶嘴，但你的寶寶吃奶嘴嗎？哭鬧時如何克服？已吃者如何戒除？

我家兩個都沒吃奶嘴。老大一開吸手指，後來會用固齒器，一歲前自己忽然不吸手指頭，睡前一定是抱著娃娃睡。老大喜歡長枕頭，所以長枕頭是他的安撫物。老二也是吸手指，後來是棉被為安撫物。

你如何處理和婆婆、媽媽或主要照顧者關於百歲醫師育兒法的溝通呢？

一開始我的家人很反對趴睡，怕寶寶會窒息。我的婆婆很開明，沒有多加干涉，加上我們是自己住，**所以長輩來看孩子，我們通常選在寶寶醒的時段讓他們過來。**在執行百歲育兒法中，當然有被念過帶孩子的方式不妥當。但我們堅持原則，並讓他們看到寶寶的作息和各方面很穩定。其實，他們在我們收養第二個之前沒多久，就完全贊同此方式，並到處宣揚此方式的好處。連我的阿公和阿嬤都覺得此方式太棒了！

遇到寶寶學翻身、常常把睡著的自己吵醒的陣痛期時，你怎麼處理寶寶被自己驚醒的問題呢？

孩子剛開始翻身時，一開始聽到他哭，會幫他翻。但幾次之後，決定放手上他自己適應。所以會讓他哭到自己翻過去。但其實哭的時間不長。因為早上寶寶醒來。會幫寶寶多多訓練如何翻身。所以不出幾天寶寶即使翻不過去，也會仰著就睡了！

一開始驚醒時候，我會聽一下聲音，如果只是哭一下，我不會去理會。但如果是大哭，我會等個六分鐘後進去幫他翻回來。

寶寶開始嘗試食物泥，你怎麼掌握餵食關鍵？

我依照著書上說的進行食物泥的餵法。通常先餵食物泥，如果他把所有的量都吃光，我就減少奶量。比方說，食物泥吃到六十C.C.，奶量當時是二百四十C.C.，我就減掉剛剛已經吃掉的六十C.C.的量，如果有吃不完。又喝不下的狀況，我通常還是會等到下一餐再餵，不會中途餵。

其實幾次之後，寶寶知道要吃完。我也就穩定的把食物泥的量往上增加。

照顧寶寶需要彈性原則，可以分享你覺得彈性處理得很好的部分是什麼嗎？

我覺得彈性原則的部分是出遊玩的時候，一般我們可能覺得出門還是得照作息，就會弄得有點神經兮兮。所以我們出門玩，如果無法照作息，我們盡量就放輕鬆。但還是盡量不同床。**回到家後，再慢慢調回來就可以。**

很多人覺得寶寶作息太規律，可能會影響他們無法將來適應外頭的環境。或是有彈性的應變。但這些觀點都是錯的。每個寶寶有不同特質，有的就是特別的對環境比較慢熟，

父母除了要熟讀百歲育兒系列的書籍，還要學著適時的關起耳朵，不要聽到負面聲音就害怕。

有的很快。所以跟作息的規律影響沒多大關係……我家兩個到哪裡都可以睡，不見得出門就得找床睡……這點，是很彈性的。

有時出門玩，就睡在推車上。邊推邊散步。我並不覺得這樣就是哄睡，寶寶一旦習慣自己睡的作息及方式，其實是很難被哄睡的。

你覺得百歲醫師育兒法最棒的部分是什麼？最適合怎樣的爸媽？

最棒的部分，就是父母很清楚知道孩子的作息，以及父母擁有絕佳的睡眠品質。我和我老公從沒有半夜起床餵奶的經驗。我們的老大是很成功執行百歲育兒法的寶寶，晚上七點上床睡覺，就是我們夫妻相處的時間。等到老大九個多月，我再度收養第二個，反而更加輕鬆。

老大老二作息一樣，夫妻不會因為有孩子而感情不好。反而每天都很快樂得育兒。

因為老大五個多月斷奶，直接開始食物泥。老二來時，真的就很輕鬆的餵奶到他五個多月也斷奶。

只能說，用百歲育兒法，才能有辦法在有效的時間養育兩個孩子，不至於手忙腳亂。

而且，我的寶寶早上和下午小睡很長，我都利用這些時間手作，寫日記和看書，並記錄他們的成長。這是真的超棒的育兒法！

給初入百歲醫師育兒法的爸爸媽媽的一句話！

我相信很多人在懷孕時看到百歲育兒家庭時，雖然會羨慕想跟進，但往往孩子一出生，就把所有的決定都拋到腦後了！

我覺得，父母除了要熟讀百歲育兒系列的書籍，還要學著適時的關起耳朵，不要聽到負面聲音就害怕。畢竟你已經看到成功的例子，那麼就需要下定決心要不要用百歲育兒法。

不過，父母真的需要為自己選一種方式，一種自己快樂的方式就好，不管是什麼方法。不要聽太多意見。以免在育兒的過程中，夫妻間產生的嫌隙就不好了！

社團法人中華民國快樂學習協會【孩子的秘密基地】
信用卡定期定額捐款單

請將此單填寫後傳真到（02）2356-8332，或是利用右方 QR Code 直接上網填寫資料。謝謝！

捐款人基本資料

捐款日期：________年________月________日

捐款者姓名：
是否同意將捐款者姓名公佈在網站 □同意 □不同意（勾選不同意者將以善心人士公佈）

訊息得知來源：
□電視／廣播：____________　□報紙／雜誌：____________
□網站：____________　□親友介紹　□其他：____________

通訊地址：□□□－□□

電話（日）：____－____________　電話（夜）：____－____________

行動電話：

電子信箱：
（請務必填寫可聯絡到您的電子信箱，以便我們確認及聯繫）

開立收據相關資料

因捐款收據可作抵稅之用，請您詳填以下資料，於確認捐款後，近期內將寄發收據給您。本資料保密，不做其他用途。

收據抬頭：
（捐款人姓名或欲開立之其他姓名、公司抬頭）

統一編號：
（捐款人為公司或法人單位者請填寫）

寄送地址：□ 同通訊地址　□□□ - □□
（現居地址或便於收到捐款收據之地址）

信用卡捐款資料

□ 孩子的秘密基地專案　每月 3,000 元　　□ 陪伴專案　每月____________元

捐款起訖時間：______月______年 到______月______年

★持　卡　人：____________　★發卡銀行：____________　★信用卡卡別：____________

★信用卡卡號：________________________

★有 效 日 期：______月______年　★持卡人簽名：____________（需與信用卡簽名同字樣）

★信用卡背面末三碼：

社團法人中華民國快樂學習協會

100 臺北市中正區重慶南路二段 59 號 5 樓　電話：（02）3322-2297　傳真：（02）2356-8332
官方網站：http://afterschool368.org　E-mail：service@afterschool368.org
FB 粉絲專頁：https://www.facebook.com/afterschool368

為弱勢孩子
點一盞學習的路燈

——理事長 吳念真

為了孩子藝術的第一哩路
我們走遍台灣各地鄉鎮
讓文化刺激沒有城鄉差距
之後我們承諾繼續創造歡笑
給全台灣的每一個孩子
但是 在巡演的過程中
我們驚覺
許多偏鄉弱勢的孩子
在下課之後
沒人關心他的學習和功課
漸漸的
他 跟不上老師的進度
孩子再也沒有學習的意願了
受教育變成痛苦的事情

讓我們來提供一個長期深耕的協助
點亮這些孩子未來的希望
讓孩子在放學後
有個溫暖的地方
等待他放學
陪伴他學習
分享他的喜怒哀樂

懇請您加入**「免費課輔——孩子的秘密基地」**專案，
讓孩子們在學習的道路上，有您陪伴，不再孤單。

中華民國快樂學習協會

百歲爸媽經驗分享 5

讓我敢生第二胎的百歲醫師育兒法！

· 郭詩薇
· 台北／兩個孩子，老大 3 歲，老二 1 歲 6 個月
· 職業： 全職主婦
· 我的個性：樂於分享、喜愛生活、熱愛家庭，用行動活出信念。

「你要當爸爸了?! 恭喜，你未來兩年一定會掛著黑眼圈上班！」這是我丈夫得知我懷孕後，一位已為人父的過來人朋友對他說出的賀詞。

「生了孩子丈夫就沒地位了」「有了孩子家裡鐵定一團亂」「有孩子永遠別想睡好覺」「如果寶寶不好帶，你的生活就是黑白的」……這些話正是許多新手爸媽的肺腑之言。

然而，我心裡不禁想：「真的只能這樣嗎？」

我現在是一位育有兩個孩子的媽媽。我很慶幸自己在懷第一胎之前就接觸了百歲醫師的育兒理念。那時，一位已育有四個女兒的長輩送了我一本《百歲醫師教我的育兒寶典》，並告訴我她一直到生老四前才知道這套方法，雖然那時已年近四十，但她育兒起來卻比以往更加輕鬆！我認識他們全家已有多年，看見他們的家庭生活充滿和樂，孩子們懂事有禮，常常為人稱羨。因此，我毫不懷疑她的推薦，也在待產中便與丈夫決定未來要如此訓練孩子。

起初，訓練過程是充滿挑戰的。雖然身旁不乏看過此書的父母，但能徹底執行的是少之又少，家中的長輩更覺得這是天方夜譚。但感謝上帝讓丈夫和我有一致的信念和決心，且當我遇到困難求助時，有百歲醫師系列育兒書的作者群們（奐均、惠珺、正瑾）的細心解惑，讓我們最終也嚐到了育兒的美好滋味！

我們家兩個孩子都從出生起

就自行入睡，在約五十天大時，一覺到天亮；三個多月時，晚上連睡十一個小時；五個月起開始吃食物泥；六個月後，順利改三餐，晚上連睡十二個小時。

我們夫妻未曾分房睡，老公也從未黑眼圈上班，且每天都期待著回家；晚上八點孩子都就寢後，若有客人來訪，甚至不知道我們家中有兩個幼兒。

最棒的是，我們夫妻倆每天都保有獨處約會的時間，能聊聊彼此當天的生活與孩子的狀況，孩子入睡時，只要請朋友來家裡待著，我們還能去看電影、吃宵夜、散步聊天……隔天又再度充滿精神和力量，一起迎接可愛的孩子！

家庭，始於夫妻所組成，最終也將回歸夫妻二人

在我家老大身上，我深刻體會到，這套方法的好處不僅是幫助孩子作息規律而已。因為孩子從小習慣尊重我們的引導，知道父母堅持且一致，已經有了受教的態度，所以當他們年齡稍長需要管教時，我們不須費盡心力，反而很輕鬆。

很多人說：「用這套方法訓練孩子只是父母想要輕鬆而已。」然而，在目前的育兒經驗中，我深刻體會到：家庭，是始於夫妻所組成的婚姻，最終也將回歸夫妻二人。孩子不是我們的擁有物，而是夫妻同心經營的產業，只要以愛為原則按季節教養，便能幫助孩子建立健康的界限，引導他們擁有美好的品格與信念，奠定將來成熟獨立的基石。

但現今許多家庭在有了孩子之後，就變成了以孩子為中心，夫妻落於親子之後，孩子成了家庭的主宰，夫妻關係日漸緊張……其實，孩子的安全感是建立在父母美好的婚姻關係上，當優先次序對了，孩子自然會滿足。

「當媽媽真好！有孩子真好！我們的家真好！」我每天都這麼讚嘆著。願所有的父母都能如此享受家庭生活！堅持訓練孩子的結果，百歲醫師育兒法會讓你發現，不管什麼樣個性的孩子，都有能力自幼擁有美好的習慣，成為家中歡樂的泉源。

我們夫妻未曾分房睡，老公也從未黑眼圈上班，晚上八點孩子都就寢後，若有客人來訪，甚至不知道我們家中有兩個幼兒。

你最常被身邊朋友或網友問的百歲醫師育兒問題是什麼？你怎麼回答？

Q：寶寶一直哭怎麼辦？就讓她一直哭喔？這樣她不是會很沒有安全感嗎？

A：寶寶哭的時候，只要排除掉不舒服、餓、大便等生理原因，如果是該睡覺的時候，我就會讓她待在床上，她想哭就讓她哭一下沒關係。若是還不適應作息的訓練階段，一開始我會在十五到二十後分鐘左右進房間快速檢查一下她的狀況，然後再把她放回床上，以這個循環直到寶寶睡著為止。

如果我們能幫她分辨她的需要和想要，她很快就會適應而且習慣，到了睡覺時間她會非常享受睡覺，就很少會哭了。

我的兩個寶寶到了睡覺時間，都會迫不及待的撲上床去跟我說拜拜。她們都絲毫沒有因為在新生兒時期我讓她們哭，而變得沒有安全感，反而情緒很穩定、愛笑、與人親近、順服，且也不會用哭鬧的方式去操控父母，跟我們很親密。

你的寶寶在新生兒時期的作息是？請分享不同月齡，或是有劇烈改變的時間點為何？

【1個月】

一覺到天亮，睡過夜（七、八小時），一天五餐，白天每餐間隔四小時。

【2個月】

省略最後一餐，夜間連睡十二個小時。當時一天四餐，白天每餐間隔四小時。

【4個月～6個月】

四個月開始加食物泥，六個月大時改三餐，每餐間隔五・五小時。

九個月大時，自然離乳，三餐全吃食物泥，一餐約四百到五百C.C.。

丹瑪醫生建議別吃奶嘴，但你的寶寶吃奶嘴嗎？哭鬧時如何克服？已吃者如何戒除？

我們家寶寶沒有吃奶嘴，只吃手。大約十個月左右之後，就只有在想睡覺時會吃手。

我家老大在兩歲左右，仍會於夜間睡覺時吃手，那時我們是用勸說的方式告訴她為何她不適合再吃手，以及幫她用透氣膠布將兩隻手指一起包起來，讓吃手變得不容易、口感改變，很快她就連睡覺也不再吃手了。

你如何處理和婆婆、媽媽或主要照顧者關於百歲醫師育兒法的溝通呢？

【先別說太多】

第一胎時，公婆的反彈的確很大。她們認為孩子是需要哄睡、半夜喝奶、哭就去抱，才正常。對於新手媽媽的我選擇的百歲醫師育兒法，非常不解且擔憂。

【和伴侶理念一致，專心訓練】

但是因為我和先生的想法一致，加上我們分開住，所以大多時候我們都可以按照原則去訓練孩子。另外一方面，則是不斷的和公婆溝通，請他們相信我們，以及告訴他這個方法的脈絡和好處，並且請她們**盡可能配合孩子的作息來看孩子**。

但最重要的，還是在於夫妻兩個人在遇到各式質疑與反對聲音時的堅持！**當旁邊的聲音大到我們無法回應時，我會選擇先不說太多，對於她們的關心就去接受、盡量和善應對，但是得繼續堅持做對的事，因為我們才是寶寶的父母，有責任為他們負責。**

【適時的舉辦成果發表會】

很快的，當長輩們看到寶寶真的就睡過夜、情緒穩定、吃得好睡得好、有規矩時，他們自然就認同了。甚至到後來，我的公婆還會跟親戚朋友說：「孩子本來就要訓練啊！」長輩們態度能改變的關鍵，就是「親眼看到孩子的成長」。而孩子的成長，需要父母堅持才能換來。

遇到寶寶學翻身、常常把睡著的自己吵醒的陣痛期時，你怎麼處理寶寶被自己驚醒的問題呢？

一開始，我會進去幫她翻過身，然後快速出房門。但是幾次後，我們發現她又會自己再翻過去然後繼續大哭。我們想這也不是辦法，於是我們就試著不去理會她。很快的，她就自己學會了翻身後再翻回來，繼續安穩睡覺了。我們需要給寶寶一點時間自己學習。

寶寶開始嘗試食物泥，你怎麼掌握餵食關鍵？

以我家老二為例子。

她大約在三個多月大左右就出現厭奶的狀況，母乳量大減。那時她也開始分泌唾液，所以我就趁勢開始加食物泥。所以如果她奶喝得不多，我就在餵奶結束後接著餵食物泥，食物泥能吃多少就吃多少，最後就會大概抓出她那段時間的食物泥分量。這期間餵奶間隔仍然不變，雖然體重沒什麼明顯增加，但是活動力和發展沒有變弱，我們就不太擔心。

隨著食物泥的量漸增，她的體重也就快速增加了。**等到食物泥的量已經超過二百五十C.C.，約寶寶七個月大左右，我就改變食物泥和餵奶的順序，先餵食物泥再餵母乳**，漸漸的，寶寶的主食就變成了食物泥，母乳就喝多少算多少，很隨性。

等到九個月大時，她就幾乎不想要喝母乳，就自然離乳了！

照顧寶寶需要彈性原則，可以分享你覺得彈性處理得很好的部分是什麼嗎？

一、孩子還在作息穩定適應期間，如果睡過頭或是提前起來哭太久，我會抓前後半小時的彈性去調整餵奶時間。然後在一天當中把時間表再調回軌道，不讓自己壓力太大。

二、如果帶孩子外出，打亂了作息，或是無法小睡，就沒有一定要硬照個平日的作息運作，重點是大家出遊和諧的氣氛，只要回到家再調整就可以了。

三、自行入睡的寶寶通常都會習慣睡自己的床鋪，但我們不會因此而不敢帶孩子外出過夜。如果我們需要外出過夜，我們會想辦法找替代床的物品（例如：一櫃的大抽屜、大紙箱、遊戲床等），然後帶上幾條大浴巾與她的床單，一樣可以讓孩子舒服好眠！

你覺得百歲醫師育兒法最棒的部分是什麼？最適合怎樣的爸媽？

最棒之處在於：夫妻感情不會因為孩子出生而變的緊張，孩子有安全感、情緒穩定快樂，全家氣氛和諧，而且會讓你不怕生小孩，有信心一再生養！（我現在已經懷有第三胎了！）只要是希望有上述生活，有原則、能堅持，且願意為孩子長遠的好處著想而願意付短暫的代價的父母，就絕對適合！

給初入百歲醫師育兒法的爸爸媽媽的一句話！

帶著信心與盼望去執行，寶寶需要你們共同一致的為他堅持下去！

寶寶的適應力超過我們想像，若能以整個家庭的好處為出發點去養育孩子，你會發現孩子使我們的生活更加美好且完整！

優先次序
好滿足
好安全

百歲爸媽經驗分享 ❻

當三胞胎都能睡飽醒來時，那三朵微笑是世界上最棒的禮物！

· 黃品慈
· 雲林斗六／ 3 胞胎（現在 2 歲）
· 職業：家庭主婦
· 我的個性：多了點勇敢、多了點堅強，理智又感性，喜歡挑戰、努力生活，這就是我。

在我二十歲的時候，我就夢想著可以生三個寶寶。然後我單純的想像著，帶小孩應該就是這麼回事吧：

下午三、四點午茶時間一到，就開心的背著寶寶赴約，然後坐

在窗明几淨飄著淡淡麵包香的咖啡館裡，和姊妹淘們盡情的談天說笑。每一天每一天，都帶著寶寶赴著不同的約。

但是，生命總是充滿了驚喜。我的確是生了三個寶寶，不過……我是一次生三個啊！沒錯，就是三胞胎！

不過懷孕沒多久後，理智尚存的我趕緊到書局翻閱各大育嬰書籍，終於讓我發現到這本《百歲醫師教我的育兒寶典》，就像溺水者看到了漂流木般的興奮！

我心想：這樣應該就沒問題了吧！我只要把握住兩個基本原則：第一、訓練寶寶自行入睡的能力，第二、訓練規律的作息……其他寫的趴睡、讓寶寶哭什麼的，就當作參考吧！因為我怎麼捨得讓我心愛的寶寶哭呢？就算五分鐘也不行！

但是，生命總是充滿了無法預料……

首先，在三個寶寶都回到家裡的短短四天裡，我們就讓寶寶趴睡了。再來，原本三個小時餵一次奶的作息表（因為全母奶，所以想說母奶容易消化，寶寶應該撐不到四個小時），到最後改為四個小時餵一次。原本和我們同睡一間房的寶寶，我們為他們另闢了一間寶寶專屬的嬰兒房，父母、寶寶分房睡。戒除半夜十二點過後的夜奶，訓練他們可以一覺到天亮。

以上所提，全部都發生在短短

的兩週裡。是的，你沒看錯，兩週！這兩週裡到底是發生了什麼耐人尋味的情況？

還記得我們最小的寶寶回到家的那一晚，奶也餵了、尿布也換了、嗝也拍了、抱也抱了、燈光也調暗了、空調也檢查過了、最後連阿嬤牌的布搖籃都拿出來了，但寶寶就是不肯睡，好不容易哭累了睡個十分鐘，又醒來大哭！看得當媽的我實在是心疼極了，所以只好又抱起來安撫，但這時的安撫卻又讓寶寶越哭越大聲，整個夜晚就這麼一直循環。這樣下去他小小的身體怎麼承受的住？他一定累壞了！

就在第四個無計可施的夜晚，先生突然靈光一閃，說了句：「他該不會是想趴睡吧?!」趴睡?!我回了回神，反正我們已經有遵照書裡的指示正確的鋪床，應該可以馬上來試試。

就這麼把號啕大哭的寶寶輕輕一放，翻個身讓他趴著……我真的是不敢相信，寶寶睡著了！上一秒還在大哭的寶寶，下一秒就睡著了！而且寶寶睡得好深好深，一直到下一餐的餵奶時間他仍舊熟睡著。當時我真的快哭了，原來他的要求不多，他只想要一個好好長長的睡眠啊！

除了趴睡，還記得剛開始我們是跟寶寶同睡一間房嗎？沒錯，同住一房可以就近照顧，但是也很容易互相干擾。我們一開個門，正在睡覺的大寶寶（那時還採行仰睡）就會發出「嗯嗯嗯」的聲音，好像她知道我們進來了。

似乎我們所有的一舉一動，即使如何的輕柔，她都可以三不五時「嗯嗯啊啊」的配合，不禁讓我懷疑她到底有沒有在睡覺啊！為此我們決定四天後，就在實施趴睡的同時，讓三個寶寶獨自睡一間房吧！這樣當他們入睡的時候，可大大減少大人們的干擾。當「怎麼睡」「睡哪裡」都安頓好之後，接下來還有許多的考驗啊！別忘了，這所有的一切，全都發生在短短的兩個禮拜。

在這兩個禮拜裡，我們固定三小時餵一次母奶，當大寶花了近三十分左右喝完之後，才接著二寶喝，然後才是小寶。當三個寶寶都喝完奶了，時間也過了一個多小時，再加上幫他們拍嗝、換尿布、洗屁屁，超過一個半小時是正常的。

接下來我還要花一個小時的時間擠母奶，然後洗他們的奶瓶、洗自己的擠奶工具等等。這樣勤做工下來，我和我先生有整整兩個禮拜不知睡眠為何物？我們倆常常在夜晚給寶寶餵食時，寶寶睡了，自己也睡了。

這樣下去還得了啊？經過兩個禮拜嚴重的失去睡眠後，我們夫妻一致同意：將作息立刻改成四小時一循環，立刻訓練戒夜奶，讓寶寶一覺到天亮！

原先擔心他們會不會撐不了餓而提前起來哭？會，不過是偶爾，而且不會三個寶寶都提前哭，往往只有一個，大部分都可以適應四個小時的作息，把每段小睡都睡滿。（插播一下：當四小時作息實施約兩、三個禮拜左右後，我們的寶寶可以精準的在餵奶時間起床並且哭著討奶。）

再來就說到戒夜奶了。

在《百歲醫師教我的育兒寶典》裡有提到三種戒夜奶的方法。猜猜看我選擇了哪一種？

如果寶寶真的需要好好的大哭一場，那麼，就讓他哭吧！我們先去洗個熱水澡。

當寶寶還沒出生，還在肚子裡的時候，我的選擇是第三種，因為第三種最溫和、最合乎人情、最沒有衝突、最不會讓寶寶哭、最貼近媽媽和寶寶的需求，總而言之就是最適合我這個心臟比較無力的人啦！但是，當寶寶出生後，在經歷過兩個禮拜的震撼教育後，我們毫不遲疑的立馬就選擇採取第一種方法。

書中說第一種方法，最快可以讓寶寶們學會一覺到天亮，習慣之後半夜不會想再起床討奶。真的有這麼神奇？記得當時我們夫妻倆還在你一句我一句的討論著：有這麼厲害嗎？我先生認為值得一試，（因為我們也沒有更好的選擇啦！）加上見證過趴睡的奇蹟後，就對丹瑪醫師的方法一產生了信心。

結果呢？結果呢？

是的，結果就如同丹瑪醫師所言，經過約兩個禮拜後，我們家三個寶寶一起學會一覺到天亮了！在學習的過程裡，寶寶一定會哭，（這也是我事後才知道的，因為據我先生描述，我擠完半夜那次的母奶後就叫不醒了，我也是一覺到天亮）寶寶大約都在半夜的兩點至四點左右醒來，然後哭個十五到三十分鐘不等，我先生都是在寶寶停止哭哭的時候進房查看，哭完的寶寶可睡得很好呢！

這條路，真的要經歷過的媽媽才能體會，原來所有的一切，寶寶哭、自己的無力、挫敗、再站起來、再挫敗，都只是新手媽媽的必經過程。**所以如果寶寶真的需要好好的大哭一場，那麼，就讓他哭吧！我們先去洗個熱水澡。**

很感謝百歲醫師育兒法，讓我們的寶寶能夠擁有極佳的睡眠，也讓我們保有了生活的品質。

可以靠自己的力量一次帶出三個快樂、愛笑又有活力的寶寶，真的讓我們非常的感動。尤其當朋友們稱讚他們是個性大方又穩定的乖寶寶時，我們是何等的驕傲啊！

很高興認識百歲醫師育兒法，我想我們找到了最適合我們的育兒方法。

噓……
他們聽見了
嗯啊
嗯啊
嗯啊

你最常被身邊朋友或網友問的百歲醫師育兒問題是什麼？你怎麼回答？

我比較常被雙胞胎媽媽問問題，通常都是有關餵食還有作息安排之類的，大部分都是經驗分享比較多。

你的寶寶在新生兒時期的作息是？請分享不同月齡，或是有劇烈改變的時間點為何？

【0～2個月】

為三小時一循環全母乳瓶餵，一天八餐。

【2～7個月】

為四小時一循環全母乳瓶餵，並且戒除半夜兩點那餐夜奶，一天五餐。

喝奶時間為早上六點、十點、下午二點、晚上六點、最後一餐晚上十點。十點喝完奶後安穩睡到隔天清晨六點。

【7～12個月】

仍舊維持四小時一循環的餵食，並且在餐中開始加入副食品，取消第五餐，變成一天四餐。

用餐時間一樣為早上六點、十點、下午二點、最後一餐在晚上六點，晚上八點準時就寢。寶寶們可以自然的從晚上八點安穩睡到隔天清晨六點。

在這裡說明一下我為何要取消第五餐，以及取消第五餐的時間點。

因為發現從五、六個月開始，晚上十點那餐越來越叫不醒，常常喝一半就睡著了。加上白天喝奶量減少，所以嘗試第五餐不叫醒試試看，發現他們居然可以自然而然睡過夜，半夜也不會起來討奶，而且白天的奶量除了回升之外又喝更多了！

副食品方面也慢慢的進步，基於此，在十分平和的情況下自然就戒了餐，因為寶寶們不需要了，他們選擇了好好地睡一覺！

丹瑪醫生建議別吃奶嘴，但你的寶寶吃奶嘴嗎？哭鬧時如何克服？已吃者如何戒除？

不吃。睡覺時間到了，就把寶寶們輕輕地放上床趴著，剛開始還不會吸手手的時候，會在原地蹭來蹭去，小哭個幾分鐘，等到他們找到自己的手手安撫自己後，上床就開始吸手，再也不會哭哭了。

遇到寶寶學翻身、常常把睡著的自己吵醒的陣痛期時，你怎麼處理寶寶被自己驚醒的問題呢？

遇到這種情況我的想法是：總要讓寶寶習慣翻翻啊，翻翻是很自然、很值得拍拍手的，習慣之後就不會哭了。

總要給寶寶自己學會如何放手、如何蹲、如何安全的下來，會自己站起來又躺回去的寶寶不是很厲害很棒嗎！

所以，遇到這兩個時期，我會讓他們自己先哭個三分鐘左右，這個三分鐘是在等待他們自己找到舒服的方法、自己學會再翻回來或習慣仰躺、學會自己下來。

我不會一哭馬上就衝進去，我會給自己等待的時間，然後再進去幫忙。通常這樣下來，陣痛期短則兩三天、長則一、兩個禮拜。（我們家三個寶寶都不一樣，而且通常第一個學翻學站的陣痛期比較長，第二、三個就越來越短，可能是彼此會學習的緣故吧！）

寶寶開始嘗試食物泥，你怎麼掌握餵食關鍵？

我們從寶寶們回到家的第一天開始，就詳實記錄每個寶寶的喝奶量。副食品加入後，餐餐不間斷的填寫。看著清楚的紀錄表，大致上都可以掌握寶寶們一餐的用量以及變動。

例如：原先奶量是二百四十C.C.，在嘗試副食品時我就會這麼準備：

先食物泥十C.C.，後奶二百四十C.C.；接下來先泥三十C.C.後。奶我就會準備個二百二十C.C.。

之後先泥五十C.C.後奶我就用二百C.C.。

隨著泥量慢慢上升，我準備的奶量就會越來越少，加上每餐吃多少喝多

少都會記錄，隔天就會參考之前記錄的來備量。而且先吃食物泥再喝奶，那麼剩下的奶量要喝多少就由寶寶決定，寶寶自己會調配泥與奶的量。直到某一餐，寶寶不再想喝奶了！

照顧寶寶需要彈性原則，可以分享你覺得彈性處理得很好的部分是什麼嗎？

雖說是規律的作息，但我不會硬梆梆的死守著時間表，我通常給自己三十到四十分鐘左右彈性的時間，去處理寶寶的事情。

例如在預定的時間上，寶寶提早三十分鐘醒來想喝奶了，我就會提早餵食或是把寶寶抱出來陪他們玩，盡量拖到餵食的時間。

或者某幾天爸爸的下班時間晚了，在寶寶們體力可以接受的狀態下，我就會晚個三十到四十分鐘，讓他們和爸爸相親相愛一下，再送他們上床。

另外，還有一些特殊情況，比如出門在外時，作息和活動的彈性就更大了。又比如遇到寶寶們生病感冒的時候，為了他們可以好好休息，原先喝完奶要玩樂一下再睡覺的，我會縮短玩樂時間甚至看情況取消掉玩樂時間，餵食完就直接讓他們休息。

如果遇到嚴重的感冒，寶寶的身體極度不舒服無法像往常一樣自己入睡時，讓寶寶舒服點，我會幫助他入睡（比如抱睡）。等到寶寶的病完完全全好了，又回到活蹦亂跳、精力充沛、生龍活虎的健康寶寶時，我就會再度讓他自己入睡。

你覺得百歲醫師育兒法最棒的部分是什麼？最適合怎樣的爸媽？

最棒的當然是寶寶能夠擁有自行入睡的能力、規律的作息、不需要夜奶一覺到天亮！

最最適合多胞胎的家庭了！尤其是只有夫妻兩人的小家庭，沒有長輩同住，必須靠自己的力量一次帶多個寶寶！如果沒有一套有系統的育兒方法幫忙的話，我也不可能一個人帶他們三個，到現在也快兩歲了啊！（謝謝百歲醫師育兒法！）

給初入百歲醫師育兒法的爸爸媽媽的一句話！

選擇你所相信的，相信你所選擇的！

百歲醫師育兒法最適合多胞胎的家庭了！尤其是只有夫妻兩人的小家庭，沒有長輩同住，必須靠自己的力量一次帶多個寶寶！

百歲爸媽經驗分享 7

早產兒寶寶也能照顧得好！

- 顏伶伃
- 台中／三個兒子（六歲、三歲和十個月）
- 職業：國小老師
- 我的個性：只要對孩子好的事情，都會很堅持的去做。

早上六點半，碩碩（5歲）牽著嘉嘉（2歲）的手，一路笑著從他們的房間走出來，敲敲我們的房門，兄弟倆打開門後，爬上大床，擠進我跟爸爸中間，一邊說著：「爸爸媽媽早安！」，一邊親吻著我隆起的肚皮說：「弟弟早安！」然後，全家一起享受十分鐘的親密賴床時光。

多虧他們天天準時的「叫床」，我跟爸爸上班從來沒遲到過，同事聽到都很驚訝，問他們為什麼都不會賴床？「因為他們一個晚上七點半睡，一個八點半睡，一路睡到隔天早上，應該睡得很飽了吧！」聽到我的回答，他們更驚訝：「怎麼可能這麼早就睡了啊？」我笑著說：「他們年紀更小的時候，還是六點半就上床睡覺呢！」同事的嘴張得更大了：「他們中間都不用起來喝奶嗎？」我的嘴角上揚，面對這些問題，早已見怪不怪。但是，把時間回轉到六年前，當時可不是這般光景啊！

六年前，我剛生下我的第一個寶貝——碩碩，因為他早產，我決定要請育嬰假，付出一切來好好的照顧他。這個決定一下，一大堆「過來人」告訴我，在家帶小孩不會比上班輕鬆，說不定會更累，而且很有可能得產後憂鬱症呢！我心裡想著：「我有滿滿的愛作後盾，自己還是教育體系出身（國小老師），你們嚇不倒我的！」

最初的第一個月，我在月子

中心，因為擔心碩碩早產的身體狀況，還要對付無時無刻的漲奶跟硬塊，即使有專業護士幫我照顧他，還有老公在身邊陪我，我還是感到精疲力盡！沒想到，出了月子中心回到家裡，開始自己正式照顧碩碩，才真的是惡夢的開始！當時，我是採取寶寶餓了就餵母奶的方式，而且，只要碩碩一哭，我就馬上跑到他身邊看看出了什麼問題，告訴他，媽媽就在這裡，希望他可以很有安全感。

可是，碩碩動不動就哭，該喝奶的時候變蚌殼嘴，該睡覺的時候又含著我的奶不放；尤其是睡覺前，尿布換了，奶喝了，嗝拍了，還是哭個不停，一定要人家

抱著哄；再來，抱著哄還不夠，一定要站起來「行軍」，接著，「行軍」還不夠，必須要用一定

的速率前進才可以。只要我們累了想坐下來或是趁他闔上眼睛，想把他輕輕的放在床上，他便又馬上哭醒；好不容易睡在懷裡了，可能睡不到一兩個小時，又起來哭。

在碩碩滿兩個月的前兩個禮拜，有個朋友帶孩子來看我，他的寶寶只比碩碩大兩個禮拜，可是很明顯的比碩碩情緒穩定，也很愛笑。當我們一邊聊天，碩碩還掛在我身上喝奶的時候，他們卻說寶寶該睡覺了，在碩碩完全沒用到的嬰兒床上鋪好浴巾，把寶寶放進去睡，不到五分鐘，居然睡著了！我簡直不敢相信我的眼睛！一問之下，原來朋友用的是《百歲醫生教我的育兒寶典》，我當天晚上馬上就去買了一本研究！接著請老公也看完這本書，我們達成一個共識，先試一個禮拜看看，要是情況沒有改善，或是碩碩真的變得很沒有安全感，我就停止，就算之後再累，再睡眠不足，我也要為了碩碩撐下去！

於是我開始實行「百歲醫師育兒法」。開始的前三天，真的是天人交戰！尤其之前一個多月，我早已被「訓練」成聽到孩子的哭聲就要馬上衝到他的身邊，還好我的朋友一直在身邊鼓勵著我。現在回想起來，這一個歷程應該也是讓很多新手爸媽們

最難熬的，尤其看著一個這麼可愛這麼小的孩子哭著，你卻什麼都沒作，是不是感到很有罪惡感？其實，我們並不是什麼都沒作，我們是什麼都作了之後，才放手的。而且，孩子一邊哭，我一邊還要思考，除了他沒吃飽，尿布濕了，副食品過敏，身體不舒服，分離焦慮，成長痛，長牙，受驚嚇（還要認真考慮要不要去收驚）之外，還有沒有什麼是我沒有作到，孩子才哭泣的。排除掉了這些生理跟心理因素，我還可以做些什麼？答案很明顯，就是等待。

後來神奇的事情真的發生了！

白天的小睡，只要確定床都鋪好了，我把碩碩放下去趴著，他的頭左轉轉右轉轉就自己睡著了，光是這點就讓我興奮到打了好幾通電話給上班中的老公報喜。到

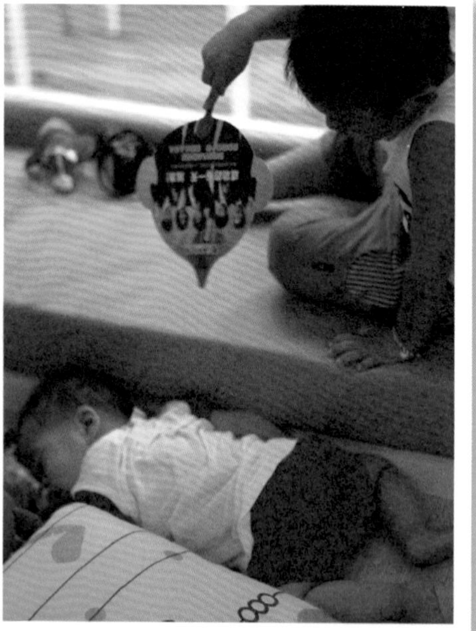

了第五天，碩碩竟然一口氣從晚上十點一覺睡到早上六點，當我凌晨五點多，受不了漲到變形的碗公奶而起來「作便當」時，看到碩碩在嬰兒床上天使般的熟睡臉龐，我是一邊咬著棉被忍住了想尖叫的歡喜，一邊驚覺這是我這段時間以來，第一次睡滿五個小時。

當六點一到，我迫不急待的衝到嬰兒床邊，只見碩碩屁股扭扭，伸個懶腰，我輕輕的抱起他並輕聲的說：「碩碩，起床囉！」碩碩看著我，在他滿兩個月的第一天，給了我一

個燦爛無比的笑容。

那一個禮拜，碩碩從愛哭愛鬧的憂鬱王子，變成人見人愛的陽光男孩，這樣的神奇轉變，讓我知道，原來碩碩他不是高需求寶寶，他只是一直沒吃飽沒睡飽，而我卻不懂他釋放出來的訊息。從此之後，碩碩也越來越少沒由來的哭鬧，而當他哭鬧時，我也能很有信心的面對與處理。

當然，一路走來，並不是沒有遇到挫折，我的公婆一開始也不支持，即便碩碩作息已經很規律，吃得好睡得香，他們還是一直說我在「苦毒」他們的金孫。我好生氣好難過，我怎會忍心虐待這個自己用生命拚來的寶貝？我不知道怎麼在媳婦的順從跟媽媽的堅持兩者中作選擇。

後來我選擇放手，讓公公婆婆行使他們疼愛孫子的權力，自己則拿著書去準備研究所的考試，到了第二天，我正在咖啡館埋頭苦讀的時候，就接到公婆的電話，他們說，碩碩怎麼搖怎麼哄就是不睡覺，一放下就哭，此時的我壓住心中的竊喜，火速趕回家，把小床鋪好，把碩碩接過來，緊緊的抱了一下，跟他說聲我愛你，然後放下趴好，走出房門。

不到五分鐘，房間裡已經沒聲音，婆婆偷偷打開房門，看到睡得好安穩的碩碩，她嘆口氣說：：「這樣輕鬆多了！」之後，還到處跟自己的朋友炫耀，我們家的孫子一放下去就自己乖乖睡覺，而且一覺到天亮呢！

說真的，沒看過這本書的人，或「聽說」過這個教養概念的人，甚至只是「翻過」這本書的人，都可能會對這種教養方式產生誤會，覺得我很狠心，很殘

孩子都會準時叫我們起床，從此我們夫妻再也沒遲到過！

忍。他們可能不知道，我對自己的作法除了認真研究和探索外，在大量的閱讀及整理後，才真正理解其涵義與內容，還要視孩子不同的氣質與成長階段去做調整。

還好，孩子的表現為我澄清一切，我始終很慶幸自己選擇了百歲醫師育兒法。碩碩一歲時，我開始回去上班，夫妻倆一邊工作一邊攻讀研究所，下班後，我們全心的陪伴他，七點半一到，他就乖乖入睡，我們就可以全心作研究，接下來的幾年，我們遇到工作調動，搬家，我還生了第二個寶貝——嘉嘉。兩個孩子的個性與氣質截然不同，相同的是，他們的作息規律，身體健康，很

愛爸媽也很愛彼此，都是個既快樂又容易滿足的孩子。

這五年來，我有不少朋友因為碩碩跟嘉嘉的「表現」而願意採用百歲醫師育兒法。有一個朋友，因為一開始與公婆同住，所以一直無法「百歲」成功，所以直接從高雄跑來台中借住我家，第三天孩子就睡過夜，她還問說：「是不是我們家的『百歲氣場』特別強，寶寶一來我們家，就吃好玩好睡過夜？」

還有一對很特別的夫妻檔，她倆都在科學園區上班，堅持自己照顧孩子，所以沒有請保母，媽媽上白班，爸爸上晚班，兩個輪番上班，然後用百歲醫師育兒法，分工照顧自己的小公主，自稱是「太陽爸爸，月亮媽媽」，真的好令人感動呀！我自己的弟弟，在他還沒生孩子前就告訴我，將來他的孩子出生，一定會用「百歲醫師育兒法」，現在他的孩子也是一個健康活潑的百歲寶寶。

對我而言，「百歲醫師育兒法」一開始是一種育兒的方法，隨著孩子成長，它變成了一種態度的堅持。面對孩子的教養，在遇到瓶頸或困難的時候，我們是很快就妥協了，兩手一攤說沒辦法呢？還是嘗試找出解決方法並繼續堅持下去？

當我懷第三胎的時候，不少人說我很有勇氣，他們只生一個就不敢再生，或是兩個小孩就把他們搞得天翻地覆，而我跟老公卻一點也不怕，因為有百歲醫師育兒法的支持，不管幾個寶寶，我還是會一樣用力的給他「百」下去。

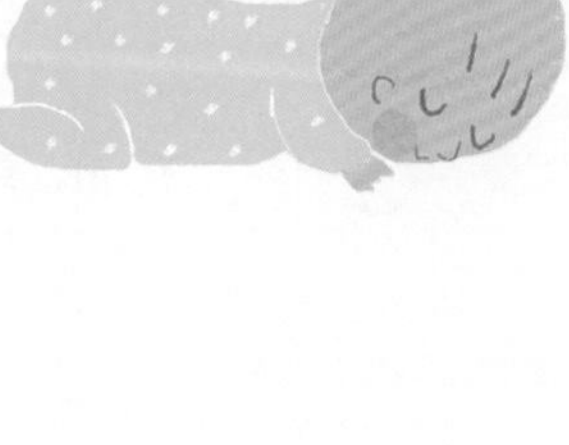

你最常被身邊朋友或網友問的百歲醫師育兒問題是什麼？你怎麼回答？

我什麼都做了，寶寶還是一直哭，怎麼辦？寶寶奶（食物泥）吃不多，怎麼辦？

你的寶寶在新生兒時期的作息是？請分享不同月齡，或是有劇烈改變的時間點為何？

【0～3個月】

早上六點起床，四小時一個循環。約一個多月大，晚上便可以睡兩個循環（約八小時），改一天吃五餐；兩個多月便可以睡到三個循環（約十二小時），改一天吃四餐。

【4～6個月】

早上七點起床，五小時一個循環，改一天吃三餐，晚上六點半入睡。

【6個月以上】

早上六點半起床，五．五小時一個循環，一天吃三餐，晚上七點入睡。通常有劇烈改變的時間點，孩子都會有徵兆，隨著孩子的徵兆去調整作息，最不容易發生問題。

你如何處理和婆婆、媽媽或主要照顧者關於百歲醫師育兒法的溝通呢？

最好就是把孩子的規律訓練成功後，再帶回去給長輩看，反對的聲音自然就會減少，甚至會引以為傲。對於媽媽，會先溝通觀念，把相關書籍給媽媽看，這樣溝通起來比較不會雞同鴨講。

最重要的應該是與枕邊人的共識，實行百歲醫師育兒法，有另一半的支持是最重要的，我都會先把書準備好，讓老公看完自己畫重點，再跟他討論。如此一來，婆婆那邊要是有問題，也可以請老公直接去溝通。

遇到寶寶學翻身、常常把睡著的自己吵醒的陣痛期時，你怎麼處理寶寶被自己驚醒的問題呢？

如果驚醒的時候，是剛入睡，我會等到孩子睡著（常常翻不回來就仰著睡著），再進去把孩子輕手輕腳的翻回趴睡。

若是睡到一半，離該起床的時間還有一小時以上，我會等到哭鬧稍微平息，進去安撫一下，幫助孩子翻回來，之後就不再進去。若離起床時間只剩半小時內，我會等哭鬧結束，就進去把孩子抱出來。

最根本的解決辦法就是，在孩子清醒的時候，多讓他練習如何翻回來（由仰翻趴），這樣就算之後小睡翻成仰的，自己也能翻回去趴著繼續睡。

寶寶開始嘗試食物泥，你怎麼掌握餵食關鍵？

六個月之前，先奶（親餵）後泥，六個月之後，先泥後奶。尊重孩子吃的意願，時間到了或是孩子表示不想吃了，不管是喝奶還是吃泥，就收起來，直到下一餐再給。沒有一個孩子會傻得讓自己一直餓肚子，父母該做的就是負責提供營養均衡的食物。不要對孩子喝奶或吃食物泥的量太執著，用輕鬆的心情去處理，只需要要求好的用餐規矩，不需要要求用餐的量，孩子自己會找到平衡點。

我的三個孩子喜好都不同，老大喜歡喝奶勝過吃泥，親餵瓶餵都可以，只要有奶就好；六個月之前，奶量總是高於泥量，所以六個月後，為了提高泥量，就先泥後奶。老二從出生喝的奶量就很少，很早就開始吃泥，而且越濃稠越喜歡。老三只喜歡親餵，第一次厭奶時，開始吃食物泥，吃完後驚為天人，只要可以吃食物泥，就不喝奶了。

照顧寶寶需要彈性原則，可以分享你覺得彈性處理得很好的部分是什麼嗎？

第一胎開始使用百歲醫師育兒法的時候，並沒有給自己跟孩子很大的彈性，雖然孩子很快就學會規律，但是也限制了自己跟家人，尤其是遇到黃昏哭鬧的時候。第二胎開始，我學會彈性面對，讓孩子的作息可以彈性的配合家庭作息，偶爾晚一點睡或是吃飯時間沒固定，也輕鬆面對，孩子自己也會更有適應力。

你覺得百歲醫師育兒法最棒的部分是什麼？最適合怎樣的爸媽？

最棒的部分是，全部都很棒啊！哈哈哈哈！孩子吃得好、睡得好、發展得快，爸媽心情好又有自己的時間。不能逛夜市這一點可能只有台灣文化會遇到的。唯一要注意的就是，因為孩子自己睡又睡得早，爸媽有太多自己的空間與時間，所以會變得很會「做人」，我們就是最好的例子！

最適合想要孩子健康快樂長大，擁有和諧的家庭氣氛，或是結婚生子後還想要保有自己的時間空間的爸爸媽媽。

你想補充的問題。

可以請催生的內政部推廣百歲醫師育兒法嗎？（這算問題嗎？哈哈哈！）

給初入百歲醫師育兒法的爸爸媽媽的一句話！

百歲萬萬歲！快來加入百歲家族吧！

百歲爸媽經驗分享 8

讓我脫離產後憂鬱的百歲醫師育兒法

- 黛娜卡特
- 台中市／1個寶寶（2歲）
- 職業：全職媽媽兼網拍經營者
- 我的個性：傻裡傻氣但永不放棄，跌跌撞撞仍不斷前進。

歷經了二十一個小時痛不欲生的產程，寶寶終於平安到我的懷裡了。看著她安詳可愛的睡臉，我更喜孜孜的深信她一定是個天使寶寶，滿腦子都是出院後每天和她甜蜜相伴的幸福畫面，對接下來要面對的日子，可以說一點心理準備都沒有……

天啊！寶寶不喝奶不睡覺

所以，當我可愛的小天使，喝不到兩口奶就繼續昏睡，不到半小時又醒來哭，尤其是半夜幾乎每個小時都要起來喝一次奶，有幾次甚至讓我從凌晨十二點哄到五、六點天都亮了還不睡，我才發現現實有多殘酷！

怎麼會這樣?!

我可愛的小天使不停地用她的哭聲折磨著全家人的神經，我的每一段睡眠都沒有辦法超過二小時，常常她好不容易睡下了，我正要休息，四十分鐘後我媽又急急忙忙地抱進房說寶寶又餓了……生產完尚未癒合的傷口、疲累的身體、頻繁餵奶的疼痛，真的快把我逼瘋了！

爸爸替手也不行的日子，怎麼過

我的情緒常處在崩潰的邊緣，明明是千辛萬苦才生下的心肝寶貝，怎麼抱著她我卻一直想掉眼淚？白天要上班的先生，體貼地主動提議半夜和我輪班照顧寶寶，無奈寶寶不買他的帳，他越抱、越搖、越哄，寶寶哭得更大聲。親朋好友只能投以了解和同情的眼光，安慰我們撐過去就好了，卻沒有人告訴我，撐不下去時該怎麼辦？

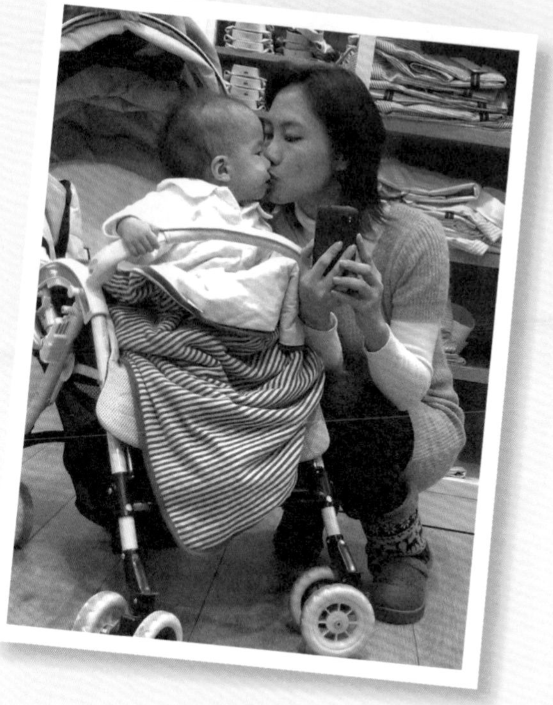

但我周遭所有的親朋好友和來幫我坐月子的媽媽都是採用傳統的親密育兒法，懷孕時我買的唯一一本育兒書正是《親密育兒百科》，除了傳統的一哭就餵奶、抱著睡哄著睡搖著睡，我還真不知道還能怎麼做？

這時我想起一個朋友到醫院看我時提到《百歲醫師教我的育兒寶典》這本書，恍然大悟原來育兒不是只有一種方法啊！

既然傳統這條路讓媽媽寶寶都不能好好休息，何不換條路走走看？於是我違背媽媽「坐月子期間不能用電腦、不能久坐、不能看書」的嚴令，一口氣上網買了《百歲醫師教我的育兒寶典》《這樣做，寶寶超好帶》《喂，請問百歲醫師在家嗎？》這三本書。

接下來就是不斷的反覆看書和上網爬文，將書上說的和網路上許多前輩媽媽的經驗分享互相驗證。最後，我決定不顧家人反對（尤其是從來沒聽過百歲醫生作法更不可能認同的媽媽和婆婆），放手一搏！

終於能睡上三小時以上！

開始定時三小時餵一次奶後，更讓我心花怒放的是，寶寶夜裡也自動調整成三小時才起來喝一次奶了！

百歲醫師育兒法證明，我想的沒有錯，寶寶不是每次哭都是肚子餓，不能每次哭都試圖用塞奶來解決問題。百歲醫師育兒法也證明，寶寶是可以三或四小時才喝一次奶的！我終於、終於，可以在坐月子期間連續睡上三小時或更久，而寶寶八週大時，更是自動睡過夜，連睡了八個小時後，還是我叫醒她喝奶的！

而且因為寶寶自己睡嬰兒床，大人小孩的睡眠不互相干擾，我也不必再害怕不小心翻身壓到她都不敢睡熟，睡眠品質提升了好幾百倍，這對之前照著《親密育兒百科》和朋友「把寶寶抱到床上和父母一起睡，半夜哭了就塞奶」的建議而根本無法也不敢熟睡的我來說，真是足以令人喜極而泣的福音啊！

寶寶不再因喝太多脹氣而哭泣

開始照著百歲醫師的作法來帶寶寶後，好處是，寶寶一哭，不再全家兵荒馬亂、手足無措，規律作息讓寶寶的需求可以更清楚的被知道，更可以避免寶寶因為消化不良或脹氣而哭，大人卻誤以為她肚子餓拚命灌奶，結果卻讓寶寶更不舒服。我也因為不用隨時待命化身乳牛。

更棒的是，寶寶在三個多月大時，我照著書上的建議省略了晚上十一點的第五餐（沒有叫醒寶寶起來喝奶），剛開始還一直擔心半夜寶寶會餓醒，豎著耳朵準備一聽到哭聲就跳起來餵奶，結果呢？寶寶一覺到天亮，連續睡了十個小時！我一直相信育兒寶典上說的：「夜晚連續而長時間的睡眠對寶寶的身心發展非常重要」，如今我的寶貝再也不是需要夜奶數次的一夜N次郎，對照還沒百歲之前全家晚上都不得好眠的慘況，為娘的真是既感

規律作息讓寶寶的需求可以更清楚的被知道，更可以避免寶寶因為消化不良或脹氣而哭。

動又驕傲，多想放鞭炮昭告鄰居呀！

新手媽媽也可以準時打卡下班！

寶寶作息穩定下來後，白天寶寶小睡時間我就可以自由運用，而晚上七點半送寶寶上床睡覺後，媽媽就算打卡下班了，開始準備晚餐迎接晚歸的爸爸，等一起用完餐後，就是甜蜜又自由的兩人世界囉！租個好片，一起窩在沙發上好好享受這安穩中帶著浪漫的時光，有時還會忘了還有個小寶寶正在房裡安穩地睡大覺呢！

育兒是一條漫長沒有退路的旅途，途中關卡重重，一重還比一重高，常讓我覺得帶小孩比寫論文難了一百倍。我很慶幸在做月子時就明智的選擇了丹瑪醫師教導的百歲醫師育兒法。現在寶寶九個月了，最喜歡爬過來趴在我腿上撒嬌，笑起來甜得可以融化爸爸媽媽的心，也讓我相信吃飽睡好的孩子最快樂，**不是親密育兒、不用哄著睡、搖著睡一樣可以建立安全感。**

其實，採用百歲醫師育兒法後帶小孩並非從此就是一帆風順簡單輕鬆，其中仍有許多課題要與寶寶一同面對和努力，但百歲醫師育兒法的的確確把我從身心俱疲，甚至面臨產後憂鬱的情境中解救出來。

如果要說百歲育兒對我家最重大的影響是什麼，那就是——讓我找回當一個媽媽、當一個太太、當一個女人的信心和快樂！寫到這裡，寧靜的夜裡又傳來鄰居寶寶哇哇的哭聲，我再次慶幸自己當初選擇了百歲醫師育兒法，也衷心的感謝丹瑪醫師智慧傳承的這套育兒法！

採用百歲醫師育兒法後，帶小孩並非從此一帆風順，其中仍有許多課題要與寶寶一同面對和努力的！

你最常被身邊朋友或網友問的百歲醫師育兒問題是什麼？你怎麼回答？

Q：寶寶半夜不用喝奶嗎？肚子不會餓嗎？

A：人類晚上是不用進食的，夜奶只是一種習慣而非需求，白天規律作息，晚上自然可以睡過夜，我沒有強制戒除夜奶，但實施百歲後寶寶一個多月大時就自動不夜奶了喔！

你的寶寶在新生兒時期的作息是？請分享不同月齡，或是有劇烈改變的時間點為何？

【0～3月】

07：00第一餐
08：30第一段小睡
11：00第二餐
12：30第二段小睡
15：00第三餐
16：30第三段小睡
19：00第四餐
20：30長睡（23：00叫醒喝第五餐，喝完繼續睡）

【4～6月】

快五月大時戒餐5，長睡十小時。

08：00第一餐
10：00第一段小睡
12：00第二餐
14：00第二段小睡
16：00第三餐
18：00第三段小睡
20：00第四餐
22：00長睡

【6個月以上】

六月大時改三餐，餐與餐間隔五．五小時

07：30第一餐（夏天寶寶會早醒，所以作息提前）
10：00第一段小睡
12：30第二餐
14：30第二段小睡
18：00第三餐
20：00長睡十一．五小時

丹瑪醫生建議別吃奶嘴，但你的寶寶吃奶嘴嗎？哭鬧時如何克服？已吃者如何戒除？

我的寶寶不吃奶嘴，小時後哭鬧會吃手，就常幫她洗手，較大後自己戒除吃手，哭鬧時就理性引導她表達需求，也有教她手語來表達「吃飽」「還要」等。

你如何處理和婆婆、媽媽或主要照顧者關於百歲醫師育兒法的溝通呢？

和她們分享規律作息、吃食物泥的好處，強調充足的睡眠和均衡的飲食對寶寶的身心發展是最健康的。

通常長輩最不能接受的是「讓寶寶哭」這一點，就拿書給她們看，告訴她們訓練時的哭對寶寶並沒有壞處，父母應該堅持給寶寶「需要」而非他們「想要」的！

遇到寶寶學翻身、常常把睡著的自己吵醒的陣痛期時，你怎麼處理寶寶被自己驚醒的問題呢？

我的寶寶很幸運的這種情況不多，偶爾遇到時，我還是盡量讓她自己再睡回去，若大哭超過二十分鐘或半小時，則會視情況進去安撫後，告訴她要繼續好好睡覺後放回小床。

寶寶開始嘗試食物泥，你怎麼掌握餵食關鍵？

一開始我是先奶後泥，奶讓她喝到不喝為止後再餵泥，願意吃多少就吃多少。後來因為自己奶量減少，且覺得食物泥營養較均衡，想轉換以泥為主，就改成先泥後奶，泥量開始提升，漸漸地寶寶自己也不喝奶了。（此時食物泥約二百五十C.C.左右）

照顧寶寶需要彈性原則，可以分享你覺得彈性處理得很好的部分是什麼嗎？

我是個喜歡到處走走的媽媽，尤其是假日，一定會和老公帶寶寶去郊外踏青。遇到外出時作息就很彈性，累了就讓她在推車小睡一下，能睡多久是多久，控制好吃的時間就可以了。

你覺得百歲醫師育兒法最棒的部分是什麼？最適合怎樣的爸媽？

百歲醫師育兒法最棒的部分是讓爸爸媽媽有自己的時間，不用整天繞著孩子打轉，爸媽有足夠的休息時間，也能有更好的體力和愉悅的心情陪伴孩子。百歲醫師育兒法適合所有的爸媽，尤其是重視寶寶的睡眠品質和能為了寶寶營養均衡不怕麻煩的父母。

你想補充的問題。

每次帶寶寶外出和朋友用餐，她們常驚訝一歲時的她就可以吃五百C.C.一大碗的食物泥，而自己的寶寶卻「天生」不愛吃飯。事實上，寶寶會珍惜食物泥是因為她沒有零食可吃、沒有養樂多可喝，加上規律作息的引導，時間到了、肚子餓了，自然就會好好吃飯。

給初入百歲醫師育兒法的爸爸媽媽的一句話！

有句話說：「沒有不適合百歲育兒法的孩子，只有不適合百歲育兒法的父母。」爸媽要想清楚自己想要創造怎樣的家庭生活，要怎樣引導孩子健康的成長，需要堅持的原則不隨便妥協，反覆無常只會讓孩子沒有安全感喔！

百歲爸媽經驗分享 9

丹瑪醫師的方法讓生病的女兒更有安全感

- Shane & Vivian
- 台北／育有一女，2012 年 5 月 3 日出生，2014 年 1 月 2 日過世。
- 職業：Shane 從事護理工作 9 年。Vivian 從事護理工作 13 年，孩子出生後就請育嬰假，目前為家管。
- 我的個性：

  Shane：溫和有耐心，細心且思慮縝密，有時想太多，喜愛運動與大自然。

  Vivian：樂觀，樂於助人，愛傳福音，固執，容易生氣但很快就過。對教養抱持開放的態度，跟孩子一起學習成長，培養更大的耐心。

艾昕媽媽Vivian的分享

我在懷孕的時候，先生的大姊送我一本林奐均小姐著作的《百歲醫師教我的育兒寶典》。身為護理人員的我，其實在照顧寶寶的知識上，還是停留在小兒科教科書及實習時學習到的，就是寶寶哭了就看看是不是肚子餓了，如果有尋乳反射就是肚子餓了，那就餵吧。後來才知道，寶寶就算是吃飽了，還是會有尋乳反射的。看了奐均的書，發現丹瑪醫師的許多知識是我從來不知道的，原來趴睡必須把床鋪正確的鋪好，原來有作息時間對寶寶的幫助這麼大，原來哭對寶寶很好但是我為什麼不能忍受寶寶哭泣？原來副食品不是只有稀飯，原來我有很多錯誤的育兒認知……

因此，我希望和我一樣是護理人員的先生也一定要看這本書，我們有很多的討論，並且非常贊同丹瑪醫師的想法，我們決定孩子一出生就要使用這個方法來照顧我們的第一個寶貝。

波波（女兒的小名）在先生的生日前一天出生了，第四天一回到家，就開始我們的訓練計劃。馬上讓波波趴在先生剛剛鋪好、非常平整的床上，結果波波馬上大哭，我心裡默默的想卻不敢說出來：是床不舒服嗎？老公鋪得不好嗎？不然波波怎麼不願意睡？還是肚子餓？我馬上把丹瑪醫師說的話忘光光了，第一天我們妥協了，讓波波側睡。第二天和先生討論後，複習一下書本，決定要照丹瑪醫師說的趴睡及建立作息，結果發現波波的脖子很有力，趴睡時頭真的可以抬好高，所以我們就不擔心寶寶會悶住，而且寶寶真的睡得比較好。波波很順利的在第五天就睡過夜，而且作息很快就可以建立，每隔四個小時喝一次奶。

但是，波波在出生第二十四天我就發現她眼皮顫抖，隔天情況更加嚴重，住進加護病房檢查及治療，診斷是癲癇。因為波波開始生病，得使用藥物和陸續住院，原本建立好的作息及睡過夜也就被打亂了。但是，我知道穩定的作息及足夠的睡眠對寶寶很重要，所以每次出院回家後，我還是會依照丹瑪醫師的方法，將波波的作息重新調整並且重新訓練睡過夜。波波的病情一直沒辦法控制，每天還是會癲癇發作，一天都是二、三十次以上無法計算，因為癲癇藥物的副作用及疾病合併症，波波會產生吐、嗜睡、生長發育遲緩等等的狀況，加上不定期的住院，所以波波吃食物泥的時間比正常的孩子晚。但是，我們製作食物泥的方法完全照丹瑪醫師教的，因為我們知道，這樣的食物泥是健康又營養均衡的。在這段時間中，我又收到一位教會的姊妹送我黃正瑾小姐的著作《喂，請問百歲醫師在家嗎？》，裡面重點性又簡單的說明及插畫，讓我們對丹瑪醫師的育兒方法了解得更清楚了。

儘管我們因為波波的疾病，在使用丹瑪醫師的方法時，漸漸沒辦法讓她清醒的吃↓清醒的玩↓自然入睡，後期更需要仰賴藥物才能睡覺，食物泥必須花費半小時到一小時才能吃完，有時甚至更久，吃的量也不像正常孩子一樣多，我也沒辦法教波波簡單的肢體語言。

但是，我們還是遵照丹瑪醫師的原則，不管波波進展到吃五餐還是已經可以吃三餐了，我們都建立穩定的作息時間。食物泥一定依照書本所寫的做。波波一歲多的時候，她的食物泥裡已經可以有十幾種食材了。就如我前面所說，我知道固定的作息能讓波波更有安全感，她知道肚子餓了媽媽就會餵她，她不需要哭鬧才有得吃。製作營養又好吃的食物泥，能讓波波更健康，而且像她這樣生病的孩子還很喜歡吃，真的不容易。所以，這就是為什麼雖然波波生病了，我們還是願意用丹瑪醫師的方法來照顧她。

雖然波波的發展遲緩，我們也不確定她到底知不知道我們說什麼，但她是個很愛笑的孩子，我想，她知道我們有多愛她。

波波還在的時候，我曾經跟先生說，如果波波健康狀況比較好，好想帶著她去幫忙其他的媽媽，因為我們知道在使用丹瑪醫師的育兒方法過程中，難免會有擔心及疑慮的地方，而我們可以

用我們的經驗去幫助那些正在困擾中的父母親。今年初波波被天父上帝接去了，先生問我要不要做我一直想做的事，也和奐均及正瑾討論過。此時剛好學妹介紹了早產二個月的雙胞胎媽媽給我認識，我向她介紹百歲醫師的書，告訴她為什麼要使用這個育兒方法並請她先看書，她很高興也很願意用丹瑪醫師的方法，於是我去她家住了三天，然後又持續去她家幫忙照顧雙胞胎兩週！

在我剛開始幫忙的時候雙胞胎大約三個半月大，他們沒有固定的作息時間，沒辦法自己睡，睡眠品質差也無法睡過夜。但在使用了丹瑪醫師的育兒方法後，雙胞胎兄弟分別在第五個和第二個晚上睡過夜。

兩週後，他們可以清醒的喝奶，清醒的玩，然後自己趴睡。他們的父母也能夠知道寶寶哭泣的原因，也接受寶寶需要哭泣，而且早產兒更需要用哭泣來強化肺功能。

另外一個意外的收穫是，雙胞胎的臍疝氣，醫師原本估計六個月大左右會自己痊癒，沒想到趴睡後不到兩週，兄弟倆的臍疝氣都完全好了，真的太棒了！

艾昕爸爸Shane的分享

當太太讀完《百歲醫師教我的育兒寶典》後便要求我也要好好地看這本書，我很快的讀完了，文中很清楚述說如何養育孩子以及建立作息等等，同時也有很多實際案例讓我們更加了解如何進行與可能遇到的狀況。

同樣身為護理人員的我對於嬰幼兒的認識也僅局限於過去所讀過或醫院實習的經歷，且大部分的知識是針對疾病治療與照護，加上目前的工作單位所照顧的患者都是成人，真正養育小孩的知識大概是也很不足！幸好提早讀了這本書，丹瑪醫師所教導的方法在我看來是很有邏輯和科學性的，同時有她多年的行醫經驗與驗證背書，讓我得到許多過去不曾讀到的知識，我想當時我是帶有一些興奮的心情要和太太來使用這樣的方法養育小孩。

一開始依照丹瑪醫師所說讓寶寶趴睡後，正如書上所說的，大人們真是小看了嬰兒，波波不僅頭抬得很好，她也會把臉從被口水弄濕的地方移開，睡眠中也能夠轉頭，而作息穩定後太太也能掌握時間擠母奶、休息、吃飯或做其他的事情，不只寶寶的作息規律，父母的作息也規律了。我不會說育兒的工作就此輕鬆，畢竟餵養新生兒要耗費許多體力與精神，且對於新手媽媽而言因為沒有經驗，心理壓力也會較大。培養規律的作息能把混亂與不確定從家裡除去，不會讓自己心力交瘁，而使用一致的育兒原則能讓其他家中成員立即接手也不會不知所措，媽媽們便可以獲得安心休息的機會。

一如前述，波波生病後多次住在加護病房，出院回家後作息大亂，太太很辛苦的將作息調整回來，因為規律作息對於生病的波波格外重要，因為睡眠不足時癲癇的發作也就更加頻繁，這段過程很不容易，也必須忍受看似無止盡的大哭，但最終都證明每一次的調整訓練是有價值的，對於

食物泥讓波波更健康，生病的孩子還很喜歡吃真的不容易。這就是為什麼雖然波波生病了，我們還是願意用丹瑪醫師的方法來照顧她。

波波而言也是必須且有益處的。

波波開始吃食物泥之後，製作食物泥大部分是我的工作，從採買、洗淨、烹煮到打泥一手包辦，一開始和太太一起嘗試摸索，也曾請教過《喂，請問百歲醫師在家嗎？》的作者正瑾，到後來已經能夠獨當一面，並且依循原則製作出屬於我們家風格的「料理」，這樣的做法讓我們能夠很確定孩子所吃的食物安全、新鮮又營養，同時確保各種營養素完善，各大類食物都能均衡攝取，我的爸爸、姊姊、朋友還有醫院的一些同事嘗過後也說很好吃，波波雖然無法表達，但當她一口接一口慢慢地吃時，真是對我最大的鼓勵和安慰！（她可不是什麼都吃的小孩，有回試著給她吃很甜的西瓜和水梨，波波竟然皺著眉吐出來！）

使用丹瑪醫師的方法來養育我們的孩子後，規律是顯而易見的好處，同時在當中如果寶寶病了或有狀況很容易就會發現（因為規律跑掉了），在書中所提及的方法對寶寶、父母及整個家庭都很有好處，家庭重心比較不會只偏向某一邊，而可以平衡的發展，親子之間也有很多時間可以互動，尤其父母知道寶寶何時是清醒的，就可以在適當的時間好好陪伴寶寶而不錯過，百歲育兒法確實讓我們受益良多。

我們要感謝送我們這兩本書的人，大姊佳恩和波波的乾媽佳玉讓我們接觸到百歲醫師。謝謝奐均和正瑾，把丹瑪醫師的理念帶進台灣讓更多人知道。謝謝她們在我們有困難時，幫助我們並且為我們禱告。

謝謝丹瑪醫師，她豐富的育兒知識及智慧讓使用的人都受惠。謝謝我們可愛的女兒，來到這個世界陪伴我們一年又八個月，帶給我們許多的歡樂和愛。最後，我們要感謝上帝，祂美好的心意要彰顯祂的愛，感謝祂給我們信心及盼望，還有順服的心。

謝謝丹瑪醫師，豐富的育兒知識讓使用的人都受惠。謝謝我們可愛的女兒，來到這個世界陪伴我們一年又八個月，帶來許多歡樂和愛。

你最常被身邊朋友或網友問的百歲醫師育兒問題是什麼？你怎麼回答？

小孩這樣哭真的沒有問題嗎？我的回覆是，如果確定孩子是吃飽的，而且沒有不舒服，沒有大便或是尿尿，那麼哭對孩子是好的，可以幫助打開肺部。

你的寶寶在新生兒時期的作息是？請分享不同月齡，或是有劇烈改變的時間點為何？

【1～5月】
睡過夜（七至八小時），白天四小時餵一次，一天五餐。

【6～9月】
省略最後一餐，連續睡十個小時，白天四小時餵一次，一天四餐，並且開始嘗試吃食物泥。

【9～12月】
白天四小時餵一次，一天四餐，其中三餐吃食物泥，增量到一餐大約一五〇c.c.，吃完食物泥之後用鼻胃管灌食配方奶大約一〇〇～一五〇c.c.。

【一歲之後】
改三餐食物泥，每餐間隔五・五小時，一餐吃三〇〇～三五〇c.c.。

波波因為癲癇的緣故，發展上的遲緩加上多次住院，所以作息比丹瑪醫師建議的時間晚，所以以上作息只是大概的狀況，並且是依孩子身體而定。

食物泥的量比身體健康的孩子少的原因是，波波沒有什麼活動，她無法爬或是玩，熱量消耗少，所以依醫師的建議，食物的量就不需要這麼多。

丹瑪醫生建議別吃奶嘴，但你的寶寶吃奶嘴嗎？哭鬧時如何克服？已吃者如何戒除？

波波不吃奶嘴，在醫院時不管護理師怎麼塞，她就是不吃。建議在哭鬧時，可以觀察孩子是因為什麼原因哭鬧，如果沒有特別的狀況，我就不會刻意理會。

依我幫忙照顧雙胞胎時的經驗，他們已經養成吃奶嘴的習慣，但我第一天開始照顧他們就沒有給他們奶嘴，所以他們很自然就會吃手手，他們的媽媽分享，孩子不會睡到一半因為奶嘴掉了而哭泣，很自然就不吃奶嘴了。

你如何處理和婆婆、媽媽或主要照顧者關於百歲醫師育兒法的溝通呢？

因為我們是小家庭，我和先生是主要照顧者，所以在使用百歲醫師育兒法時，只有跟媽媽提出想法，並沒有特別溝通過。但在使用之後，我的媽媽對訓練過夜有意見，所以我便請她看書，之後有過幾次討論，她也漸漸能夠接受。

在開始吃食物泥時，我的爸爸覺得孩子一次吃太多了，質疑為什麼不能分次少量多餐的吃，我也向他解釋穩定作息及均衡飲食的重要性。我的婆婆已經回天家，公公對於百歲醫師育兒法大都表示贊同，沒有太大的衝突，對於不了解的事情，他也會詢問，所以不致產生太大問題。

遇到寶寶學翻身、常常把睡著的自己吵醒的陣痛期時，你怎麼處理寶寶被自己驚醒的問題呢？

波波只有翻過一次身，我把她翻回去之後讓她繼續睡。之後因為發展上的遲緩就沒有力氣自己活動了。

寶寶開始嘗試食物泥，你怎麼掌握餵食關鍵？

一開始嘗試讓波波吃的時候，會讓她先喝完奶再吃食物泥，之後慢慢增加份量及食物的種類，不吃就收起來。九個月大時我開始讓波波先吃食物泥，再灌配方奶（因為軟喉症狀況變嚴重，液體食物容易嗆到）。食物泥的量就看波波可以吃多少，奶量則以她最好狀態時可以喝多少再扣除食物泥的量來估計。

照顧寶寶需要彈性原則，可以分享你覺得彈性處理得很好的部分是什麼嗎？

我想波波的狀況，在使用丹瑪醫師的育兒方法真的需要比較大的彈性，什麼時候可以吃四餐，什麼時候可以開始食物泥，什麼時候可以吃三餐，完全要看波波的病情，但是，我們不改變原則。

你覺得百歲醫師育兒法最棒的部分是什麼？最適合怎樣的爸媽？

訂定作息時間及食物泥製作的部分，讓孩子可以有穩定的作息時間及規律的生活，以及有營養健康的食物吃。這個育兒法適合全職的爸爸或媽媽，因為台灣目前沒有用丹瑪醫師的育兒方法在照顧孩子的保姆，沒有一致的做法就很難成功。

給初入百歲醫師育兒法的爸爸媽媽的一句話！

選擇您認為對孩子最好的，如果您決定用百歲醫師育兒法，就相信丹瑪醫師的專業，不要混雜其他方法，這樣不僅擾亂自己也擾亂孩子，適度的堅持讓您的育兒過程充滿喜樂祥和。

百歲爸媽經驗分享 ⑩

做自己孩子真正的幫手，就是認識百歲醫師育兒法

・詹秀勤

・台北／有一個內孫、一個外孫、一個外孫女。分別是12歲、6歲、2歲半。

・職業：阿嬤

・我的個性：已成為阿嬤的我，人生經歷豐富。我是樂天派，也比較堅強，在最難過的時候也會不由自主哼著歌。我特別喜歡嬰兒，女兒常說，我看到嬰兒就會返老還童，甚至會跑一百公尺短跑！

一開始也是用最傳統的方法來照顧孫子

我跟大部分的阿公阿嬤一樣想幫自己孩子的忙，所以當有第一個孫子時就義不容辭的答應要帶孫。年輕的父母根本也還是孩子，哪能了解有了紅嬰仔會有什麼改變？他們白天要上班，帶個新生兒又睡不好，一定需要長輩來傳授經驗和幫忙。我有自己帶三個孩子的經驗，又再加上五十幾年來到處聽來看來的育兒知識，自覺一定比新手父母還懂。其實新科爸爸媽媽連要抱軟綿綿的嬰兒都會害怕，擔心寶貝會被他一碰就受傷，這種時候阿公阿嬤就要伸出援手給他們最大的幫助。

在帶第一個孫子的時候，我還不知道有「百歲醫師育兒法」，所以我是用最傳統的方式來幫忙照顧孫子。那時我認為有了新生兒，做父母的要先有心理準備，就是一開始一定沒有辦法睡好覺，半夜一定要起來餵嬰兒喝奶幾次，必須接受犧牲睡眠，有耐心地哄他睡。為了讓年輕的爸媽有體力上班，所以我讓孫子跟我同房睡，由我來照顧。孫子偶爾會在半夜起來幾次，就先泡些奶給他喝，然後哄一哄、抱著搖一搖最後才會睡著。這種情形在寶寶比較小的時候經常反覆幾次，身心實在是會很疲累的，有一次我搖到自己打瞌睡了，還不小心讓孫子撞到頭大哭。由此可知，

如果夜晚照顧嬰兒的是父母，白天又得一整天上班，哪能吃得消？可是哪個嬰兒不是這樣帶大的？一定是要有人犧牲睡眠，辛苦一陣子，等他長大就不會這樣了。我帶孫的原則首重安全，不管大人多疲累，照著醫院說的做就會比較有把握。

女兒帶我認識了百歲醫師育兒法

幾年後，第二個孫子來報到了，這次是女兒的孩子。我在這次才認識了「百歲醫師育兒法」。

女兒生產前胸有成竹的跟我說她一定要自己帶，不要麻煩我也不要麻煩她婆婆。她很喜歡小孩，對小孩也特別有耐心，所以我一直以為對她來說是沒有問題的。誰知道才剛帶初生嬰兒回家幾天，她就越來越不開心，說是夜裡幾乎沒有辦法睡，很累。白天想睡補眠又會擔心寶寶隨時醒來，完全沒有辦法掌握寶寶到底要什麼。女兒堅持要親餵母奶，也聽從醫院的教導，寶寶如果哭了，就點點他的嘴巴看有沒有要喝，有要喝的嘴型就讓他吸奶。結果我看寶寶都快一整天掛在她的胸前了！那幾天講起照顧寶寶，她就掉眼淚，我們也都一籌莫展。

第二天去幫女兒熱月子餐時，她一反前一天的低潮，興沖沖地跟我說她找到帶小孩的方法了，而且從那天起全家人都要一起依照這個方法做。她不停地讀著一本書，這本書也改變我對照顧嬰兒的想法，它就是：《百歲醫師教我的育兒寶典》。

其實一開始我只是看女兒又有活力了也就配合她，不願澆她冷水。我對這個方法有很多意見和懷疑，認為跟我們一般帶嬰兒的方式背道而馳，好像是要虐待嬰兒一樣。比如孫子哭了，女兒請我配合不要馬上去抱，我問她那會不會是肚子餓了？要不要餵奶？我聽說餵母奶應該比較不容易飽。好幾次女兒都說不行抱、需要再等等，這跟我的經驗還有大部分照顧嬰兒的方法都不一樣，有很多次我都想阻止她再這麼做。

> 女兒說這套育兒方法裡的所有細節都是環環相扣的，每一個做法都有它的道理。

改變也需要時間，給寶寶時間，為他建立新習慣

女兒特別花了時間幫我「上課」並解釋，她說這套育兒方法裡的所有細節都是環環相扣，每

一個做法都有它的道理。就像一開始用這個方法的時候，女兒沒有依照書中的分析讓孩子趴睡，因此用起這個方法也不是太順利，還差點放棄。她跟我解釋也不是無緣無故就放著寶寶哭，也不是不擔心孩子喝奶沒有喝飽，這些我所擔心的其實來自於原本寶寶被建立的「舊習慣」，而她正在為寶寶建立「新習慣」，就像我們大人一樣，改變也需要時間。她跟孩子的爸爸討論過了，兩人共同決定要用這個方法，希望這陣子比較常來幫忙的我也可以一起執行，說是要一致，才不會造成寶寶混淆。雖然那時我沒有辦法確認這個方法有什麼好處，可是原本憂鬱的女兒看起來

你們快點去，
我會照你們的
方法做！
麻煩媽媽
放他小睡喔！

已經重新振作起來，我也就跟著幫忙，抱著觀望又擔心的心態。

有一次女兒必須到醫院檢查，於是先把外孫餵飽後就把他交給我，這是第一次由我一個人用這個方法照顧寶寶。我照著女兒講的順序，先幫寶寶拍嗝再跟寶寶玩，然後按照女兒的說法，時間差不多到了，就讓寶寶去睡，而且果然在那個時候寶寶看起來有點累了。要我不哄一哄、搖一搖就讓嬰兒睡覺實在覺得很不對勁，但我還是克制住想要哄外孫的動作，照著女兒講的，換片乾淨的尿布就直接把寶寶放上嬰兒床。我想孫子八成要哭了，可是他沒有哭，看起來很高興的就睡了！好簡單啊！這是第一次我沒有哄就讓嬰兒睡，這個經驗很難忘也很不習慣，寶寶這樣就會睡？那為什麼大家都要哄要搖？

大約經過四十分鐘，房裡傳出外孫的哭聲，照以前我的做法一定是走進房間抱起來，不過，女兒出門前叮嚀說：「寶寶應該會睡兩個多小時，如果中間醒來哭了，先不要抱，看一下有沒有什麼不對勁，如果沒有就讓他哭一下，看看他會不會再睡回去。」「讓他哭多久？」「大概十五分鐘。」對於這種要讓嬰兒哭的想法，我實在不懂，可是我是要幫女兒，以後也是她帶，那就要照著她講的做吧。進房後，外孫正在大哭，哭得驚天動地，才兩個多月的他趴著哭還能一路匍匐前進直到床頭。看到這種景象，實在很難忍住不抱他，但是我已經答應女兒了，只好硬著頭皮等。正當快要忍不住的時候，外孫竟然就停止了！大約哭了十幾分

鐘，他又重新進入夢鄉，睡到下一次餵奶。就跟女兒講得一模一樣。

我覺得太神奇了，會不會是外孫特別棒？等到女兒回來跟她講外孫有多棒，女兒很高興地說：「我也發現他越來越穩定了，原本他不是這樣啊！」

從那次開始我就對這個方法有所改觀，實際做起來的確比我用的方法好。從那之後，我還有幾次幫忙女兒照顧外孫睡覺的經驗，每一次都像第一次，放下去就睡，還會笑咪咪的跟我揮手說bye-bye。我從來沒有看過這麼乖的嬰兒。

到了餵寶寶吃副食品的階段，照我們台灣老一輩的經驗就是準備要給寶寶吃稀飯。可是這位百歲醫師說要給寶寶吃食物泥。食物泥是什麼東西？會好吃嗎？一開始我又先懷疑起來。可是女兒自從用了這個方法，一切都從容不迫，她篤定地照著這位百歲醫師的做法，給外孫吃食物泥。神奇的事情又發生了，每一餐外孫都乖乖的坐在嬰兒椅上，越吃越多，到了大一點點甚至不用綁上綁帶也不會下來亂跑，吃完一大碗公的食物泥以後，會乖乖地等爸爸媽媽說他可以下餐桌了才會離開位置。女兒不給外孫吃零食，就只有三餐的食物泥，但外孫卻從來沒有喊餓過，每天睡眠充足，晚上七點半上床睡覺，一睡就睡到早上七點半，是我到這個年紀所看過睡最久的嬰兒。

我的第一個外孫很好照顧，到了女兒的老二也是一樣。

外孫女是女兒收養的寶寶，六

個半月大才回來家裡，在這之前外孫女還沒有辦法一覺到天亮。一回來家裡就依照這個方法調整作息，第一天就能睡過夜，第三天就連睡十二小時，看到外孫女健康快樂，讓我們都很欣慰。

百歲醫師育兒法帶的孫子讓阿嬤與有榮焉

女兒照顧兩個孩子輕輕鬆鬆的，常常有鄰居稱讚怎麼那麼會帶小孩？小孩怎麼那麼乖巧？我這個做阿嬤的真是與有榮焉，也會秀兩招育兒的知識和撇步，每當我跟他們分享外孫子女一天的作息，他們一聽到夜裡可以睡那麼久、白天還有午睡、而且不用哄不用搖，都自己睡一間房，全部都驚訝的瞪大眼睛，就跟我第一次看到外孫睡覺時一樣！

以前我們常被我們的長輩勸，做父母的，哪個不是夜裡會少睡一點，就忍耐等到孩子大一點就好了。等到我們變成長輩也複製這個經驗勸自己的晚輩要忍耐，但是百歲醫師的育兒方法讓我開了眼界，有了小孩之後的情形竟然不是刻板印象中的無奈，帶小孩的人從「忍受」變成「享受」。雖然我帶第一個孫子過程算是順利，可是從女兒和外孫子女身上卻看到明顯不同的育兒經驗，如果我能早點知道這個方法，可能還會更順利。

如果有阿公阿嬤跟我一樣樂意幫孩子顧孫，我的建議是：「做自己孩子真正的幫手，給他們所需要的幫助。認識百歲醫師育兒法，全家用一致的態度來照顧加入你們的寶貝吧。」

> 百歲醫師育兒法讓我開了眼界，有了小孩之後的情形竟然不是刻板印象中的無奈，帶小孩的人從「忍受」變成「享受」。

阿嬤必看！百歲育兒法經典問答集

文‧黃正瑾

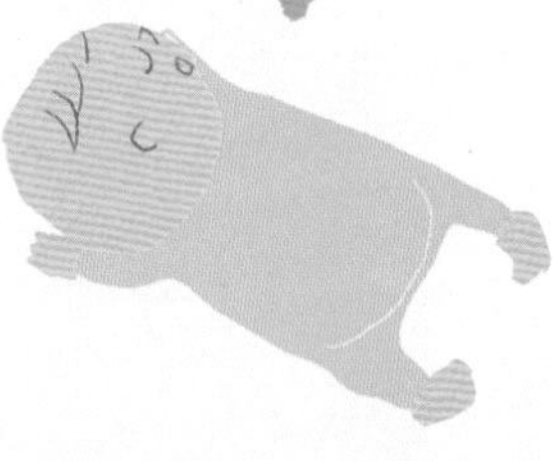

當家中有了新成員，除了寶寶的爸爸媽媽，最高興的莫過於也同時升級的阿公阿嬤了。見到如此可愛的小寶貝就在眼前，每個人都想要盡心呵護，沒有一個人希望寶寶受到傷害，不但阿公阿嬤如此，第一次當爸媽的寶寶爸媽也是。

有的新手父母真的還像孩子，他們也許依賴自己父母的指導多過於自己的想法。不過還有另一些新手父母，他們雖然是新手，但透過夫妻二人同心協力仔細研究育兒的方法，已經準備好了要成為父母，並且承擔自己的責任。他們邁開腳步，準備走在這條漫長的育兒路上，在這條路的起點，他們需要裝備自己，同時也需要家人的支持與鼓勵。

當新手父母選擇了「百歲醫師育兒法」，或許對阿公阿嬤來說有些陌生，但這不是一個沒有根據的作法，很多寶寶、新手父母都因為這個方法而得到很大的益處。寶寶健康、睡眠充足，新手父母信心滿滿、游刃有餘，整個家庭和諧愉快。有時候阿公阿嬤即使想幫忙，但實在不知道可以怎麼做，以下提供幾個方向給阿公阿嬤參考。

爸媽使用「百歲醫師育兒法」，阿公阿嬤應該怎麼做呢？

❶了解作息的建立需要一兩週。

新生兒才剛來到這個世界，大人如何引導他，他就跟著怎麼做，所以，當大人引導他規律，他就會跟著規律。一開始新生兒都很會哭，有時候寶寶哭不是因為建立作息的關係，是因為新生兒就是很需要哭一哭。阿公阿嬤要了解這個作息可能需要一兩週的時間才能穩定下來，而且家人一致的態度也是關鍵。

❷了解因為需要建立作息，所以時間到了寶寶就要去睡，時間到了即使還在睡也要叫醒。

在剛開始建立作息時，寶寶還沒有進入這個規律，所以只能大致依循作息時間表來安排寶寶一日的作息。寶寶看起來大概有點累了，就放他上床睡。距離上次吃奶時間已經差不多四小時了，即使寶寶還在睡，也要把他叫醒喝奶。一兩週後，寶寶經常都會在預定的時間起來，那就是作息穩定規律了。此後寶寶不但白天睡得好，夜裡也能一覺睡到天亮，充足的睡眠符合一眠大一寸的古老智慧。

❸實際參與幫忙的方法，就是維持寶寶清醒。

新生兒在建立作息時需要努力維持寶寶的清醒，媽媽負責在餵奶時維持寶寶清醒，阿公阿嬤可以接手拍嗝或者在清醒遊戲時間跟寶寶玩。這樣阿公阿嬤有抱到寶寶，也能幫忙執行這個方法！

❹了解寶寶自行入睡會睡得比較好。

寶寶累了就要睡。在餵奶、拍嗝還有清醒時間裡，大家都已經跟他有足夠的互動與擁抱了。

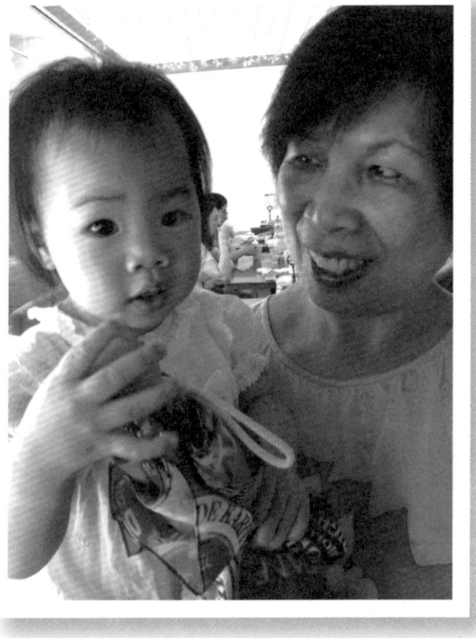

所以當他累了，也要幫助他可以好好睡一覺。其實吃飽也玩累的寶寶很容易就可以入睡，尤其是他不需要依賴奶嘴，還有大人的哄、抱、搖，反而可以睡得更好。

只要鋪好一張透氣的床，上面沒有放枕頭，就可以讓寶寶趴睡了。他可能會哭一下，但是阿公阿嬤可以試著觀察一段時間，一定會發現寶寶哭泣的時間越來越縮短，睡得越來越好。

❺寶寶睡到一半哭了，不一定要進房去抱起來

寶寶哭的原因有很多，如果確定偷偷進房查看不會被寶寶發現，那阿公阿嬤可以進房看看是不是有什麼不安全的原因。通常觀察幾次就會知道，幾乎都是深淺眠交替時睡得不夠沉而有的哭泣。這種時候的作法就是，讓寶寶哭一下，看看寶寶還會不會睡回去，通常寶寶都會再睡回去，隨著作息就會越來越穩定下來。

❻鼓勵的作法：寶寶沒有哭的時候多抱他！

通常有的長輩會說：「不要一直抱著，會抱成習慣。」可是同時又會有另一些長輩說：「小孩哭了怎麼不抱，會沒有安全感。」其實有另一個作法可以平衡這兩者。當寶寶乖乖沒有哭的時候，可以多抱寶寶，這是一種鼓勵。當寶寶用哭鬧要大人抱的時候，大人可以稍微等一下，等他停下來或是哭聲暫歇時才抱他起來。這樣做的好處是，寶寶很少鬧脾氣，同時也有安全感！

❼讓寶寶有固定的餵食時間，不隨時隨地餵寶寶。

在新生兒時期有規律的餵食習慣，寶寶作息就會穩定下來，每一餐也可以吃得夠多。到了四個月大左右可以開始給寶寶吃副食品，這個副食品要依照百歲醫師的建議漸次介紹給寶寶，然後依據最營養的比例來做給寶寶吃。

要讓寶寶有良好的飲食習慣，不會因為吃了點心，正餐就吃不下，阿公阿嬤可以幫忙注意孩子的爸媽是不是在固定的用餐時間給寶寶吃東西。在不是該吃的時

間吃，寶寶的胃比較沒有辦法獲得休息，到了正餐時間也沒有辦法吃得多，反而錯過吸收最營養食物泥的時機。

❽食物泥比粥營養，也不要放任何的調味料，保護心肝寶貝平安長大

為什麼要吃食物泥？寶寶的胃腸還很細嫩，牙齒只要沒有臼齒也沒有辦法磨細，即使是粥，裡面放的食材再細也沒有辦法比調理機打得還細。百歲醫師建議的食物泥不但打得細滑，每一碗裡經常都有十幾種食材，營養豐富又兼顧各大類營養的平衡，這是粥比不上的。

食物泥裡不用再製品也不加調味料，所以每當社會上出現一些食安問題時，餵寶寶吃百歲醫師建議的食物泥的家庭通常都不用擔心，因為這些都是天然的。寶寶只要有牙齒，日後一定會咀嚼，與其擔心咀嚼問題，不如在他還沒有辦法完全磨細食物前，保護他的胃腸，直到他準備好了！

❾全家標準一致，幫助寶寶不看臉色、不鑽漏洞

有的家庭因為標準不一致，每個寶寶都知道要找那個可以讓他例外的人。成為例外的人不一定是最愛寶寶的人，因為他可能反而是造成寶寶日後長大會「鑽漏洞」的人。小孩就是在家裡耳濡目染、慢慢學習著長大，如果全家標準一致，他就會很有安全感，他不需要靠發脾氣或者尋找例外的機會來滿足自己的欲望，比如吃、玩具、不被管教。所以每個成員，包括阿公阿嬤都是塑造寶寶品格重要的角色！

每個成員，包括阿公阿嬤都是塑造寶寶品格重要的角色！

你最常被身邊朋友或網友問的百歲醫師育兒問題是什麼？你怎麼回答？

怎麼可能自己睡一間？不會怕嗎？我都說小孩子這樣子睡得比較好，而且都是笑著去睡，笑著起來的怎麼會怕。

你的寶寶在新生兒時期的作息是？請分享不同月齡，或是有劇烈改變的時間點為何？

我孫子的作息：

【1～3個月】在兩個多月大睡過夜，白天四小時餵一次，一天四餐。

【4～6個月】寶寶可以連睡十個多小時，也在差不多剛滿四個月的時候吃食物泥。

【6個月以上】改成吃三餐的作息。每餐都間隔五．五小時。每晚七點半上床，睡到早上七點半，連睡十二小時。

丹瑪醫生建議別吃奶嘴，但你的寶寶吃奶嘴嗎？哭鬧時如何克服？已吃者如何戒除？

我的三個孫子，只有內孫嬰兒時有給他吃奶嘴。用奶嘴的麻煩是不小心掉了要洗或者消毒，不然會吵著要。沒有吃奶嘴的兩個外孫真的一點也不需要用奶嘴就可以睡，他們會吸自己的手指，也很少哭鬧。

遇到寶寶學翻身、常常把睡著的自己吵醒的陣痛期時，你怎麼處理寶寶被自己驚醒的問題呢？

在寶寶剛會翻身的時候，女兒跟我說如果寶寶睡到一半翻身醒來了，可以等一下看他會不會直接睡著，如果沒有辦法，就默默進去幫他翻身就離開。我也照著做，都很順利，寶寶也很快就學會翻回來了。

寶寶開始嘗試食物泥，你怎麼掌握餵食關鍵？

女兒是親餵母奶，所以她都是先餵母奶再餵食物泥，寶寶吃食物泥的量就看他能吃多少就繼續餵到他不吃為止。吃的速度有點變慢時，就是吃得差不多了，可以比「吃飽了」的手語就收起這餐的食物泥。

照顧寶寶需要彈性原則，可以分享你覺得彈性處理得很好的部分是什麼嗎？

因為我是阿嬤，我的彈性原則就是不再依照自己既有的想法，把照顧新生兒的權利交給主要照顧者，由我來配合他們的作法。雖然我不是很了解為什麼要這樣做，我還是照著他們說的盡量幫忙。

你覺得百歲醫師育兒法最棒的部分是什麼？最適合怎樣的爸媽？

讓照顧嬰兒變得很簡單，嬰兒很明顯的比較穩定，不用整天應付他的情緒。還有作息很規律讓要幫忙照顧的人一下就知道該怎麼切入，而且嬰兒很早就睡了，全家都可以休息。我看女兒可以當媽媽當得很好，很欣慰。

給初入百歲醫師育兒法的阿公阿嬤的一句話！

給孩子他們所需要的幫助，不是硬要他們照著我們長輩的做。聽他們說他們的作法，想一想自己能不能配合，如果可以就全力配合！

我是阿嬤，我的彈性原則就是不再依照自己既有的想法，把照顧新生兒的權利交給主要照顧者，由我來配合。

特別企畫

外出睡眠撇步分享

文・黃正瑾

常常聽到使用百歲醫師育兒法的父母問道：「帶寶寶出門要怎樣讓他睡呢？」「我的寶寶沒有辦法在外面睡覺，一定要睡自己的床。」「我都沒有辦法外出，時間一到就趕著帶寶寶回家睡覺。」「在阿公阿嬤家就沒有辦法睡覺了，怎麼辦？」不僅僅是用這個方法的父母有疑問，就連不是用百歲醫師育兒法的父母也誤解用這個方法的父母會失去自由，被綁在家裡，只為了依從作息時間表。

無論是用什麼方法，其實新手父母都不要忘了給自己和寶寶一些巧妙的彈性空間，**作息時間表是用來幫助父母能夠更輕鬆掌握照顧寶寶的節奏，而不是用來箝制全家生活的。**為了維護作息時間表，有些父母失去了彈性與判斷力，把自己搞得緊張兮兮，這絕非這個方法的原意。此時有經驗的媽媽總會勸告說：「不要死守著作息時間表，而要透過作息時間表的規律充分享受有寶寶同在的時刻。」

用這個方法的寶寶真的沒有辦法在外面睡覺嗎？當然是可以的。以下提供一些經驗與有此困擾的新手父母分享。

平時在家的訓練——讓寶寶睡在不一樣的地方。

每當寶寶吃飽了也玩累了，清醒時間就結束，需要讓寶寶休息睡覺。通常我們會讓寶寶睡在自己的房間，不過有時候也可以讓寶寶睡在不一樣的地方，睡不一樣的床。讓寶寶越小開始習慣不一樣的床，那麼日後在改換不同環境睡覺的問題上可以容易許多。

如果家裡有遊戲床，有時候可以讓寶寶不睡嬰兒床而睡遊戲床，也不一定是放在房間，偶爾可以移至客廳或者其他房間，你可以很自然地做這些調整，一切取決於照顧者。如果家裡沒有遊戲床，那麼也可以偶爾在地上鋪一條不會輕易滑動，不易產生皺褶的小墊子，就讓寶寶在那裡睡覺。

丹瑪醫師建議可以讓寶寶睡在不關門的房間，當家裡只有一個孩子時，偶爾我也會這麼做。這樣不但可以讓空氣流通，寶寶也能適應在稍微有聲音的地方睡覺。當然那時房間也不那麼暗，但是寶寶知道媽媽讓他睡覺了，即使不是完全的黑暗也能安心入睡。

這麼做的好處是當你帶著寶寶到朋友家、住飯店、回娘家或是婆家都不用再擔心寶寶換環境會睡不好的問題，寶寶已經很習慣在不同的地方睡覺！

外出一日遊怎麼睡？

外出時最重要的是餵食的時間盡量固定，而關於睡覺，我們知道如果寶寶不夠累、太興奮、環境改變或者過累都會影響他的睡眠。因此出門在外，一旦到了平時寶寶該要小睡的時間，有的寶寶會顯得些許疲累，有的則依然神采奕奕毫無睡意。此時該如何是好呢？

如果寶寶仍不太累，而媽媽也認為讓他再清醒一下也無妨，那麼即使跟平時的作息不太一樣，也不用急著讓他睡覺。如果寶寶累了，在這裡分享我的幾個作法：

❶自然抱著、背著入睡

平時寶寶喜歡自行入睡，對於哄睡、搖睡一無所知，而且不為所動。

如果我正在進行的事情是可以抱著寶寶或是前背著寶寶（比如聚會、談話），那麼當他有一點倦意，我會依舊把他抱著或是背起來進行我原本的活動，很快地寶寶就會進入夢鄉。這樣也許不能像在家裡睡得一樣好，但是只要稍微補眠即可，也不用擔心作息會被打亂，回家再調整就好。

❷鋪一條毯子，讓寶寶睡在平坦的地方

在地上鋪一條不會輕易滑動，不易產生皺褶的小墊子，就讓寶寶在那裡睡覺。如果平時在家有這麼訓練過會比較容易，在寶寶比較小還不會爬動時很適合這個方法，也比較容易做到。

❸睡在有嬰兒床的友人家

寶寶因為平時已有換地方睡的經驗，所以等到拜訪友人家時，即使環境不一樣，只要在睡前幫他換片乾淨的尿布，他一樣能好好的安睡在友人提供的嬰兒床裡。在寶寶小時候我甚至很高興能帶寶寶到友人家睡覺，可以增加到處睡的「經驗值」！

❹讓寶寶睡在推車上

用這個方法的寶寶通常很容易安坐在嬰兒車上，他們情緒穩定，也少用哭鬧來表達。若是家有可以一百八十度平躺的推車，那麼當寶寶有睡意時，就把他放上推車趴睡。

等寶寶大一點，推車的空間用來趴睡會顯得不夠，就改成清醒時間讓寶寶玩得累一些，接近寶寶睡覺時間前就把他放上推車，然後繼續原本的行程，如此一來推著推著不久後，寶寶就會進入夢鄉。接下來看是要繼續走動的行程或是將推車停妥，罩上罩子，自己也坐下來休息一下。當寶寶睡在嬰兒推車上時，我並不設定要讓他睡滿整個小睡如同在家一般，當然，如果寶寶要繼續睡，媽媽是不會反對的。

開車外出就不用特別說了，寶寶訓練有素的坐在汽車安全坐椅上，隨著汽車開呀開，引擎轟隆隆，

他很容易就會進入夢鄉的。

外出過夜怎麼睡？

❶訂房時選擇附有嬰兒床的飯店或自備遊戲床

帶著寶寶外出過夜，若是入住飯店或民宿，我的第一考量一定是：**找能讓寶寶跟大家分開睡的房型或房間，即使超出預算一些些，絕對值得**。外出旅行是享受放鬆的時刻，睡眠品質非常重要，大人沒睡好，玩起來一身疲憊。寶寶沒睡好，渾身是勁（焦躁的勁），比平時難搞幾倍。媽媽內心一定會高喊：不如歸去，在家都沒有這麼累！

所以，能維持讓寶寶獨立睡一間房間是出遊時首先要考慮的事！我有幾次訂有小更衣間的房型，將嬰兒床（遊戲床）放進去剛剛好，寶寶就像在家裡一樣，放下小床就能安心睡覺。而且這個選擇還有別的好處：寶寶被區隔在另一個空間，所以不需要把房間的燈光調到多暗，大人和其他較大的小孩仍能自由活動，享受一下度假的樂趣。

如果沒有辦法訂到寶寶跟其他人分開的房型呢？**我會攜帶或者預先寄送「可折疊式蒙古包型蚊帳」至飯店**。這個可愛的蚊帳撐開後能完全包住嬰兒床，再跟飯店多要一條床單覆蓋於其上，這樣就大功告成，寶寶可以睡在特製的包廂裡了（蓋於其上的床單並不會將此包廂完全密閉）！

如果想要寶寶盡快入睡，可以先將房間的燈光調暗，其他人講話的音量降低，讓寶寶先睡著。也因為平時讓寶寶習慣更換環境睡覺，所以這麼做寶寶的接受度很高，很快就入睡了。

❷朋友家、娘家或婆家

最好在娘家或婆家備有嬰兒床或遊戲床，這樣每次去都有床可以睡，即使與寶寶同睡一間房，也

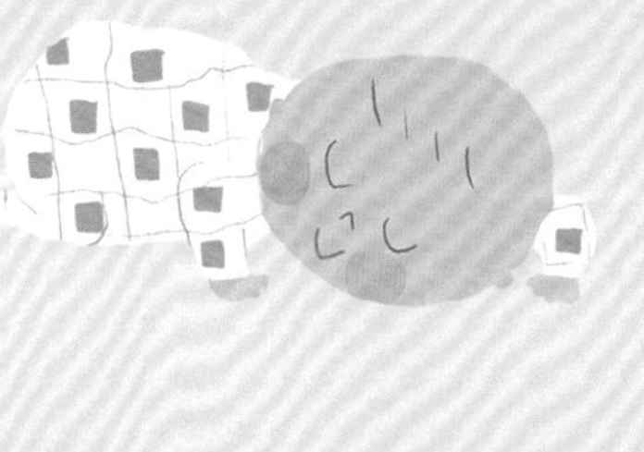

能等寶寶睡著後再進房睡。若擔心同房可能互相影響睡眠，比如說跟寶寶會突然在半夜面面相覷，則一樣派上蒙古包蚊帳登場就可以阻斷這條愛的連線了。

如果要過夜的地方沒有嬰兒床或遊戲床，現在網路上也可搜尋到日租可宅配的方案，只要在過夜前寄到就可以了！

帶寶寶出遊是很開心的事，不要因為擔心作息被打亂就限制自己跟寶寶的生活，大部分的憂慮都是來自於新手父母的焦慮及求好心切。百歲醫師育兒法已經幫助寶寶在吃、玩、睡各方面有規律，比較起作息紊亂的育兒方式，新手父母應該更有信心帶著寶寶到處遊歷。

寶寶日常的作息不會因為一兩次的外出改變而受到影響，如果擔心外出住宿的問題，在之前可以先在家試試看兩三天，讓寶寶習慣。當你繼續秉持由父母引導的育兒方式，那麼回到家裡，你會很訝異的發現寶寶多麼適應且懷念他規律的作息方式！

附錄
育兒相關補助

各縣市生育津貼一覽表

為了提高生育率，各縣市紛紛祭出生育補助福利，寶寶出生後，在規定時間內完成登記，就可以請領喔。

地區	申請資格	補助金額	詢問電話
基隆市	父或母設籍12個月以上	10000元/胎	社會處 (02)24201122
台北市	父或母設籍12個月以上	20000元/胎	民政局 (02)27256246
新北市	父或母設籍10個月以上	20000元/胎、40000元/雙胞胎、60000元/三胞胎，以此類推	民政局 (02)29603456
桃園縣		縣政府僅補助低收入戶生育津貼6000元，各鄉鎮補助金額從3000~30000元不等。	社會局 (03)3322101
新竹市	父或母設籍12個月以上	第一胎15000元，第二胎20000元，第三胎以上25000元，雙胞胎50000元，三胞胎100000元。	社會處 (03)5216121
新竹縣	父或母設籍12個月以上	10000元/胎。	社會處 (03)5518101

地區	申請資格	補助金額	詢問電話
苗栗縣	父或母設籍12個月以上	34000元/胎，須分四年請領，第一年10000元，之後每年領8000元。	戶政科 (037)322150
台中市	父或母設籍12個月以上	10000元/胎	社會局 (04)22289111
彰化縣	父或母設籍12個月以上	10000元/胎	社會處 (04)7532295
南投縣	父或母設籍12個月以上	第一胎5000元，第二胎（含）以上10000元。第一胎多胞胎者，第一位5000元，其餘每位10000元。	戶政科 (049)2222014
雲林縣	父或母設籍12個月以上	8000元/胎。	社會處 (05)5522560
嘉義市	父或母設籍6個月以上	每一胎6000元，雙胞胎16000元，三胞胎（含）以上30000元。 新生兒營養禮金每位6000元	社會處 (05)2254321
嘉義縣	父或母設籍6個月以上	3000元/胎，部分鄉鎮另有2000~10000生育津貼，可同時請領。	社會局 (05)3620900
台南市	父或母設籍6個月以上	第一胎每位6000元，第二胎每位12000元。	民政局 (06)6322231
高雄市	父或母設籍12個月以上	第一、第二胎每位各6000元，第三胎每位各46000元。	社會局 (07)3373379

屏東縣		縣政府僅發放低收入戶生育津貼，一般家庭可就設籍鄉鎮領取每名2000~10000元生育津貼。	社會處 (08)7320415
宜蘭縣	父或母設籍12個月以上	10000元／胎，部分鄉鎮另有600~20000元生育津貼，可同時請領。	社會處 (03)9328822
花蓮縣	父或母設籍12個月以上	10000元／胎，部分鄉鎮另有5000~10000元生育津貼，可同時請領。	社會處 (03)8227171
台東縣	父或母設籍6個月以上	5000元／胎	民政課 (089)322098
澎湖縣	父或母設籍2年以上	第一胎10000元、第二胎30000元、第三胎60000元，多胞胎以該胎次補助金額倍數計算。	衛生局 (06)9272162
金門縣	父或母設籍6個月以上	20000元／胎、雙胞胎60000元、三胞胎以上每胎40000元。	衛生局 (082)330697
連江縣	父或母設籍6個月以上	第一胎20000元、第二胎50000元、第三胎（含以上）80000元。	衛生局 (0836)22095 生育1胎、2胎或3胎的家庭，在小孩滿2歲起，依序可月領3千元、6千元、9千元的養育津貼，至4歲為止

資料來源：各縣市社會局（處）、衛生局

註：資料僅供參考，各縣市補助金額會隨施行辦法修正而調整

國家圖書館出版品預行編目資料

百歲醫師育兒法實作體驗：10位達人分享爲什麼丹瑪醫師的方法適合每一個孩子！／如何編輯部 作.
-- 初版. -- 臺北市：如何, 2014.07
144面；19×26公分. --（Happy family；46）
ISBN 978-986-136-387-5（平裝）
1.育兒

428　　103003001

The Eurasian Publishing Group
圓神出版事業機構
用心與你對話．視野無限寬廣
如何出版社
Solutions Publishing

http://www.booklife.com.tw　　inquiries@mail.eurasian.com.tw

HappyFamily 046

百歲醫師育兒法實作體驗——10位達人分享爲什麼丹瑪醫師的方法適合每一個孩子！

作　　者／如何編輯部
發 行 人／簡志忠
出 版 者／如何出版社有限公司
地　　址／台北市南京東路四段50號6樓之1
電　　話／（02）2579-6600．2579-8800．2570-3939
傳　　真／（02）2579-0338．2577-3220．2570-3636
郵撥帳號／ 19423086　如何出版社有限公司
總 編 輯／陳秋月
主　　編／林欣儀
責任編輯／林欣儀
專案企劃／吳靜怡
美術編輯／金益健
行銷企畫／吳幸芳．張鳳儀
印務統籌／林永潔
監　　印／高榮祥
校　　對／郭純靜．林欣儀．吳靜怡
排　　版／陳采淇
經 銷 商／叩應有限公司
法律顧問／圓神出版事業機構法律顧問　蕭雄淋律師
印　　刷／龍岡數位文化股份有限公司
2014年7月　初版

定價 290 元　　ISBN 978-986-136-387-5